Fehlerdiagnose an vernetzten Systemen

4. erweiterte Auflage

Martin Frei

Fehlerdiagnose an vernetzten Systemen

4. erweiterte Auflage

Grundlagen, Diagnose, Wartung

Krafthand Medien GmbH
Bad Wörishofen

Das Zeichen des Vertrauens

Bibliografische Informationen der Deutschen Bibliothek
Die Deutsche Bibliothek verzeichnet diese Publikation in der
Deutschen Nationalbibliografie;
detaillierte bibliografische Daten sind im Internet
über https://portal.dnb.de abrufbar.

ISBN: 978-3-87441-167-7

4. erweiterte Auflage, Juni 2018

Autor: Martin Frei
Realisierung/Lektorat: Georg Blenk
Titelgestaltung/Layout: Martin Dörfler
Titelbild: Vector Informatik GmbH, Stuttgart, www.vector.com
Bilder/Grafiken: Continental, Martin Frei*, Daimler, Volkswagen
Druck und buchbinderische Verarbeitung: Buchdruckerei Lustenau GmbH
Printed in Austria

Walter-Schulz-Straße 1 · 86825 Bad Wörishofen
Telefon 0 82 47/30 07-0 · Telefax 0 82 47/30 07-70
info@krafthand.de · www.krafthand.de · www.krafthand-medien.de
Geschäftsleitung: Gottfried Karpstein, Andreas Hohenleitner, Steffen Karpstein

Sämtliche Ausführungen in dieser Publikation beziehen sich grundsätzlich sowohl auf die weibliche als auch auf die männliche Form. Zur besseren Lesbarkeit wurde meist auf die zusätzliche Bezeichnung in weiblicher Form (zum Beispiel ‚Fahrerinnen') verzichtet.

*Bild- und Grafikmaterial – insbesondere grafische Darstellungen –, welches nicht gesondert mit einem Quellverweis versehen ist, ist dem Autor Martin Frei © zuzuordnen.

Vorwort

Mitte der 1990er-Jahre fingen die Fahrzeughersteller an, einzelne Systemkomponenten im Pkw zu vernetzen. Ein erhöhtes Aufkommen von Steuergeräten, vor allem im Sicherheits- und Komfortbereich, hatte eine Vielzahl an Leitungen und Verbindungen zur Folge. Um Kupferkabel und somit Gewicht und Kosten zu sparen, wurde als erstes der CAN-Bus (CAN = Controller-Area-Network) eingeführt um einen Teil der Kabel zu ersetzen. Anfänglich sind auf diese Art drei bis vier Steuergeräte miteinander verbunden worden. Schnell kamen weitere hinzu, sodass bereits Anfang des Jahrtausends in normalen Mittelklassefahrzeugen dreißig bis fünfzig Steuergeräte zu finden waren. In der Oberklasse kamen teilweise bis zu einhundert zum Einsatz.

LIN, MOST, FlexRay

Für die hohe Anzahl an Steuergeräten reichte ein System nicht mehr aus. Es mussten zusätzliche Vernetzungssysteme eingesetzt werden. In der Regel waren dies auch CAN-Bussysteme. Sie arbeiteten nebeneinander als selbstständige Einheiten im Fahrzeug.

Um zusätzlich den CAN-Bus lokal erweitern zu können und um weitere Kosten zu sparen, wurde der LIN-Bus (LIN = Local-Interconnect-Network) entwickelt. Es handelte sich um ein Subsystem, also ein Bus, der sich dem CAN-Bus unterordnet.

Im Laufe der Jahre haben sich vor allem der Sicherheits- als auch der Infotainment-Bereich stark weiterentwickelt. Es sind Pre-Safe-Systeme, also Systeme, die schon vor einem Unfall wirksam werden, realisiert worden. Auch um Musik- oder Videodaten zu übermitteln, wurden immer schnellere Datenbusse benötigt.

Während der MOST-Bus (MOST = Media-Oriented-Systems-Transport) im Infotainment-Bereich dafür sorgt, dass die Fahrzeuginsassen mit rausch- und ruckelfreien Videos versorgt werden, wird FlexRay (FlexRay ist ein serielles, deterministisches und fehlertolerantes Feldbussystem) überwiegend für sicherheitsrelevante Systeme eingesetzt. Entwickelt wurde es auch, um den mechanischen Anteil in den Fahrzeugen weiter zu reduzieren. So werden mithilfe von FlexRay heute schon Autos mit rein elektrischer Lenkung und Bremse gebaut.

Fehler lokalisieren

Im vorliegenden Buch werden die gängigsten Bussysteme, CAN, LIN, MOST und FlexRay vorgestellt. Zahlreiche praktische Beispiele zeigen auf, wie die Systeme arbeiten und wie sich Fehler in einem vernetzten System erkennen, lokalisieren und beheben lassen.

Leider machen sich Probleme in einem Bussystem nicht immer dort bemerkbar, wo sie zu beheben wären. Aus diesem Grund liegt ein besonderer Schwerpunkt des Buches darauf, Fehlerstellen gezielt zu bestimmen, ohne dass ein Fahrzeug komplett zerlegt werden muss.

Drahtlose Kommunikation

Gab es schon lange CB-Funk, so sind nun Telefon, Notrufsysteme, Reifendruckkontrolle, Abstandsradar und vieles mehr hinzugekommen. Es ist nur noch eine Frage der Zeit, bis sämtliche Fahrzeuge so vernetzt sind (Connected-Car), dass die Kfz-Werkstatt die Teile schon bereit legen kann, bevor der Kunde überhaupt auf den Hof fährt. Ein Kapitel beschreibt das Grundprinzip der drahtlosen Datenübertragung. Kernthemen sind die Handhabung und die Fehlererkennung, sodass auch die kabellose Datenübertragung im Werkstattalltag keine größeren Probleme mehr darstellen sollte.

Neu in dieser vierten erweiterten Auflage, ist das Kapitel 12 Car-to-X-Kommunikation. Es geht um die Vernetzung mit anderen Verkehrsteilnehmern oder mit entsprechenden Verkehrsinfrastruktur-Einrichtungen.

Liebe Leserinnen, liebe Leser, ich wünsche Ihnen nun eine spannende und erkenntnisreiche Lektüre. Besuchen Sie gerne meine Webseite unter www.martinfrei.de. Hier finden Sie weitere Informationen, Präsentationen, Fehlerbilder und vieles mehr. Zusätzlich haben Sie die Möglichkeit, sich mit mir oder anderen Besuchern auszutauschen.

Ihr

Martin Frei

1. Die Einordnung von Bussystemen

Bussysteme werden in der Regel nach ihrer Datenübertragungsrate klassifiziert, das bedeutet, nach der maximalen Geschwindigkeit, mit der Informationen über das System übertragen werden können. Die Tabelle 1 bildet eine Übersicht über die in Kraftfahrzeugen hauptsächlich verbauten Bussysteme ab.

Klasse	Datenübertragungsrate	Anwendung
Diagnose	< 10 kBit/s	K-Leitung
A	< 25 kBit/s	LIN
B	25 ... 125 kBit/s	CAN (Low-Speed)
C	125 ... 1.000 kBit/s	CAN (High-Speed)
C+	1 MBit/s	TTCAN
D	> 1 MBit/s	FlexRay, TTP
Infotainment	> 10 MBit/s	MOST

Tabelle 1: ***Bussysteme in modernen Kfz. Tabellen: Martin Frei***

Die Einordnung der Bussysteme in unterschiedliche Klassen erfolgt nach der Datenübertragungsrate. Die Grenzen sind dabei fließend und können je nach Hersteller variieren. Am häufigsten werden in Kraftfahrzeugen die Bussysteme ‚CAN' (Controller-Area-Network) und ‚LIN' (Local-Interconnect-Network) verbaut. Das sogenannte FlexRay-System findet sich noch nicht so häufig in Fahrzeugen – es wird aber stark an Bedeutung zunehmen.

Im Infotainmentbereich, in dem oftmals sehr viele Daten sehr schnell übermittelt werden müssen, wie zum Beispiel beim Aufbau von bewegten Bildern (DVD-Player), wird häufig der ‚MOST'-Bus (Media-Oriented-Systems-Transport) verwendet. Dabei handelt es sich um ein System, in dem die Daten über Lichtwellenleiter ausgetauscht werden. In allen anderen oben beschriebenen Systemen werden die Daten über Kupferleitungen übertragen. Ein MOST-System ist sehr kostspielig und kommt nur in höherklassigen Fahrzeugen vor.

Bereits Mitte der 1990er-Jahre fand der CAN-Bus Einzug in die Kraftfahrzeugentwicklung. Dabei handelt es sich um ein Zweileitersystem. Die Informationen werden über zwei Kupferleitungen übertragen. Nachfolgend wird auf den CAN-Bus näher eingegangen.

2. CAN-Bus

2.1 Aufbau des CAN-Bussystems

Durch die Anforderungen an die moderne Motorentechnik, durch verschärfte Abgasregelungen und einen erhöhten Bedarf an Komfortelektronik ergibt sich eine stetig gestiegene Anzahl an Steuergeräten. Damit sich die unterschiedlichen Teilsysteme im Fahrzeug Informationen von zum Beispiel Sensoren teilen, sie durch Nachrüstungen einfach erweitert werden können und somit eine Diagnose über das gesamte Fahrzeug möglich wird, werden die Steuergeräte miteinander vernetzt. Im CAN-Bus wird jedes Steuergerät mit jeweils zwei Kupferleitungen an das Bussystem angeschlossen. Das bedeutet nichts anderes, als das von jedem Steuergerät zwei Leitungen in zentralen Punkten im Fahrzeug zusammengeführt werden – ähnlich wie zu einem zentralen Massepunkt.

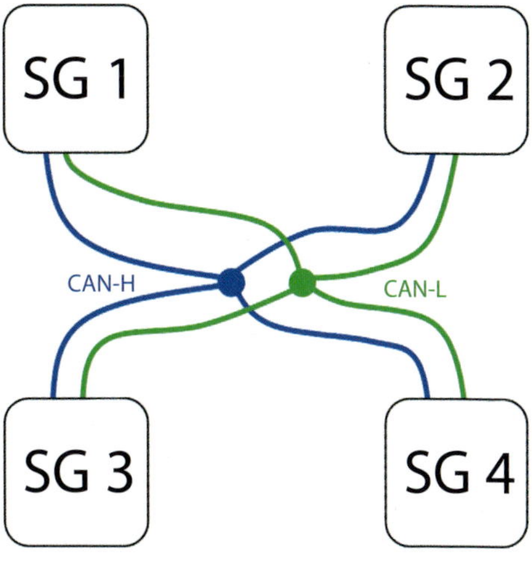

Abbildung 1: Einfache Vernetzung von Steuergeräten. Grafiken/Bilder: Martin Frei

Die Abbildung 1 zeigt die prinzipielle Vernetzung von vier Steuergeräten. Je nach Art der verwendeten Steuergeräte lassen sich so bis zu 128 unterschiedliche Steuergeräte miteinander verbinden.

Die Vorteile eines vernetzten Systems:

- Leitungen und Sensoren können eingespart werden.
- Eine Diagnose über mehrere Steuergeräte ist zeitgleich möglich.
- Es ist einfacher, das System zu erweitern.

Die Punkte, in denen die Leitungen zusammengeführt werden, nennt man Verbindungsknoten. Jedes CAN-System hat mindestens zwei Knotenpunkte. Der eine wird CAN-H (Can-High) und der andere CAN-L (Can-Low) genannt. Die beiden Leitungen, die jeweils von einem Steuergerät abgehen, heißen entsprechend CAN-H-Leitung beziehungsweise CAN-L-Leitung. Diese beiden Leitungen werden miteinander verdrillt, um externe Störungen zu unterbinden. Sie bezeichnet man aus diesem Grund auch als ‚Twisted-Pair'.

Abbildung 2: Twisted-Pair-Leitungen.

Als CAN-Bus wird die Vernetzung der Steuergeräte über die CAN-Leitungen bezeichnet. Damit diese auch miteinander kommunizieren können, müssen bestimmte Regeln und im Prinzip ‚Sprachen' eingehalten werden. So muss gewährleistet werden, dass jeder ‚Teilnehmer' auch jeden anderen ‚Teilnehmer' versteht.

2.2 CAN-Botschaften

Stellt man sich eine Telefonkonferenz mit mehreren Teilnehmern vor, dann könnte dies zum Beispiel so ablaufen: Ein Teilnehmer fängt mit der persönlichen Vorstellung an: „Guten Tag, mein Name ist Bernd Meier". Als nächstes trägt er sein Anliegen vor: „Ich habe heute drei wichtige Punkte, über die ich Sie informieren möchte". Danach wird er die Punkte aufzählen und die Informationen übermitteln. Anschließend könnte die Frage kommen: „Haben Sie alles verstanden?". An dieser Stelle wird Herr Meier eine Pause einlegen und auf die Antwort der anderen Konferenzteilnehmer warten. Wenn es keine Nachfragen geben sollte, ist der Teil von Herrn Meier beendet.

Ähnlich wie in diesem einfachen Beispiel kommunizieren auch die einzelnen Steuergeräte auf dem CAN-Bus miteinander. Dabei werden die Kommunikationsregeln auf dem Bus in den sogenannten Protokollen der verwendeten Bausteine festgelegt. Jeder Teilnehmer in einem System arbeitet mit dem gleichen Protokoll. Das heißt, alle halten sich an dieselben Regeln.

Prinzipiell gibt es zwei unterschiedliche Protokollformen. Das Standardproto-

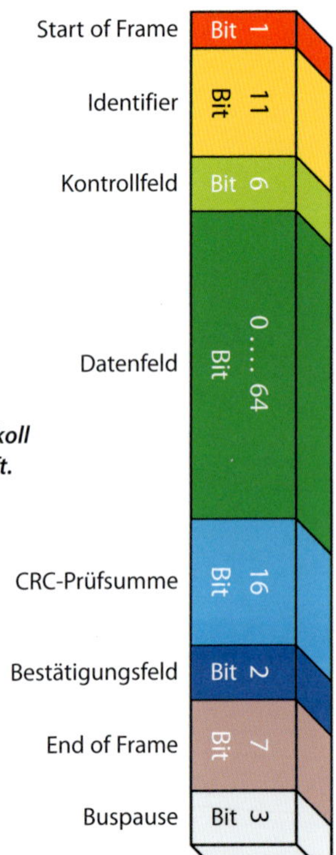

Abbildung 3: Protokoll einer CAN-Botschaft.

koll, welches in den meisten Kraftfahrzeugen zum Einsatz kommt sowie das Extendet-Protokoll, welches aufgrund seiner erweiterten Form dort eingesetzt wird, wo sehr viele Botschaften über einen Bus gesendet werden. Zum Beispiel bei Nutzfahrzeugen. Abbildung 3 zeigt den prinzipiellen Aufbau einer Standard-CAN-Botschaft.

Jede Botschaft beginnt mit einem Startbit, dem Start of Frame (SoF). Danach kommt der sogenannte Identifier der Botschaft. Jede Botschaft verfügt über einen eindeutigen Identifier, das bedeutet, dass es jeden Identifier nur einmal geben kann. Bezogen auf die Telefonkonferenz sind das SoF die Begrüßung und der Identifier die Vorstellung.

Als Nächstes teilt das Steuergerät mit wie lang die Botschaft sein soll. Dies erfolgt im Kontrollfeld. Anschließend werden die Informationen übermittelt. Danach übermittelt der Sender noch eine Prüfsumme der Daten, damit die Empfänger feststellen können, ob alles richtig übertragen wurde. Nun macht der Sender eine Pause und erwartet von den Empfängern die Bestätigung des Erhalts der Botschaft. Diese Bestätigung (Acknowledge) wird von allen Empfängern gesendet, die die Botschaft empfangen und auch verstanden haben. Das Ende der Botschaft wird mit sieben gleichen Bits gekennzeichnet. Anschließend folgt eine kurze Unterbrechung, während derer nicht gesendet werden darf. Sobald der Bus danach in den Leerlauf geht, können alle Steuergeräte wieder senden.

Das Extendet-Protokoll ist ähnlich aufgebaut. Anstelle des 11 Bit langen Identifiers wird hier allerdings ein 29 Bit langer Identifier verwendet, sodass es mehr Möglichkeiten zur Variation gibt.

2.3 Arbitrierung

Der CAN-Bus besteht aus einem Multimastersystem, das bedeutet, dass alle Teilnehmer des Systems erst einmal gleichberechtigt sind. Sie können selbstständig Botschaften auf den Bus stellen, ohne dass diese explizit angefordert werden müssen. Damit es bei einem gleichzeitigen Sendeversuch nicht zu Datenkollisionen kommt, erhält die Botschaft mit der höchsten Priorität Vorrang. Die Wichtigkeit einer Botschaft wird im Identifier festgelegt. Je wichtiger die Botschaft ist, desto mehr führende Nullen erhält diese. In Tabelle 2 sind drei Identifier aufgeführt und nach ihrer Priorität sortiert.

Versuchen zwei oder mehr Steuergeräte gleichzeitig eine Botschaft auf den Bus zu senden, setzt sich die Botschaft mit der höchsten Priorität durch. Die anderen Sendeversuche werden überschrieben. Der Sender, dessen Botschaft überschrieben wird, wird automatisch zum Empfän-

Priorität	Identifier
1	000 1010 1101
2	001 0000 0100
3	010 0001 1001

Tabelle 2: Identifier nach Priorität.

ger, sodass er auch die gesendete Botschaft mitliest. Sobald die Botschaft vollständig übermittelt wurde und der Bus frei ist, können wieder alle Steuergeräte ihre Botschaft senden. Wollen mehrere Steuergeräte gleichzeitig eine Botschaft übermitteln, setzt sich das Steuergerät mit der höchsten Priorität durch. Dieses Verfahren nennt man Arbitrierung. Es kommt allerdings nur zur Anwendung, wenn zwei oder mehr Steuergeräte gleichzeitig versuchen, eine Botschaft zu senden.

Wird jedoch bereits eine Botschaft mit einer niedrigen Priorität auf dem Bus übertragen, so kann sie nicht durch eine Botschaft mit einer höheren Priorität unterbrochen werden. In diesem Fall muss die wichtigere Botschaft warten, bis der Bus wieder frei geworden ist.

2.4 Datenübertragung

Die Daten im CAN-Bus werden seriell übertragen. Das bedeutet, dass die Steuergeräte ihre Botschaften bitweise auf den Bus geben.

Der erste Ausschlag ganz links ist das erste Bit der Botschaft, das Start of Frame.

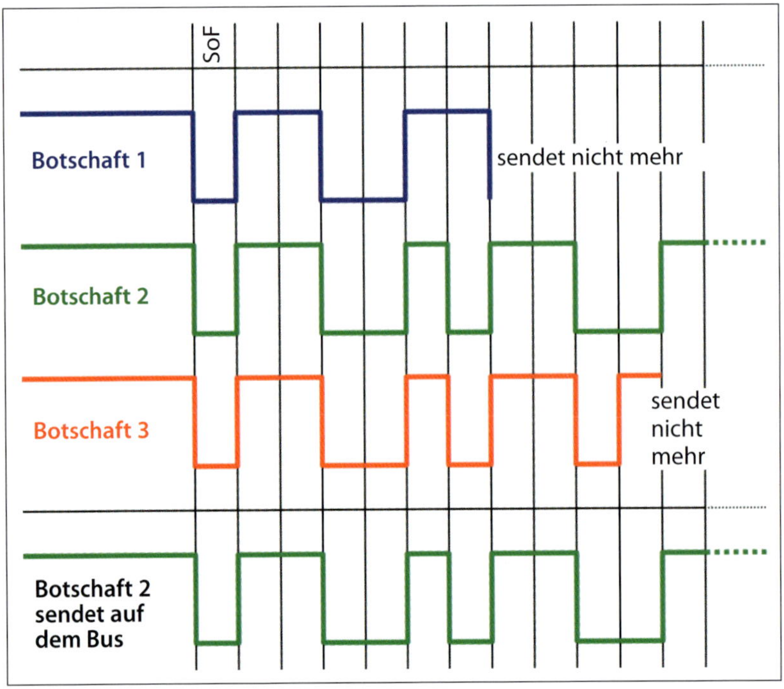

Abbildung 4: ***Arbitrierung.***

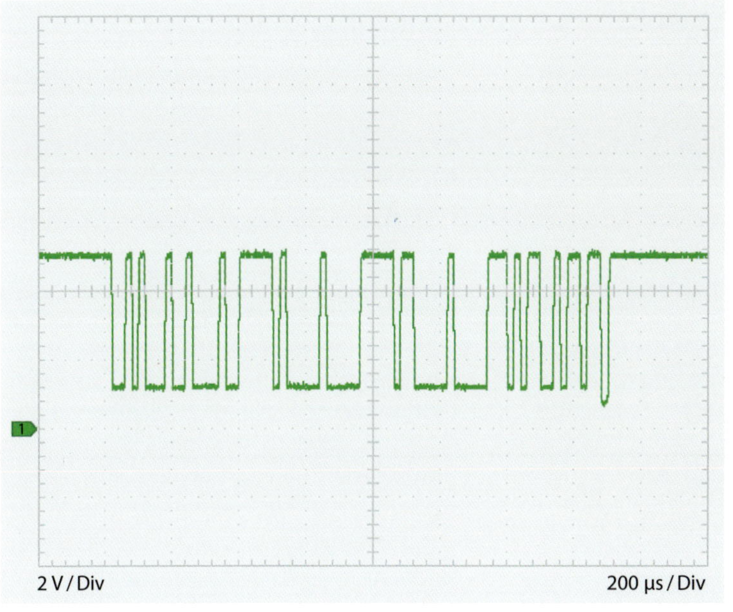

Abbildung 5:
Beispiel: bitweise Übertragung einer CAN-Low-Botschaft.

Die folgenden 11 Bits bilden den Identifier. Die weiteren Bits werden entsprechend des Protokolls (Abbildung 3) angeordnet.

Jedes Steuergerät besteht im Prinzip aus drei Ebenen. Die erste wird durch das eigentliche Steuergerät gebildet. Dies ist der Computer im Steuergerät, der Mikroprozessor. In der zweiten Ebene, dem CAN-Controller, werden die Daten, die der Prozessor übertragen möchte, in eine CAN-Botschaft eingefügt. Die dritte Ebene bildet der CAN-Transceiver. Dieser Sende- und Empfangsbaustein sorgt dafür, dass die Daten als elektrische Signale auf den Bus gesendet werden. Gleichzeitig werden Daten vom Bus gelesen und an den Controller weitergegeben.

Die Datenübertragung von einem Steuergerät zu einem anderen erfolgt in fünf Schritten:

- Die Daten werden bereitgestellt.
- Die Daten werden gesendet.
- Die Daten werden von den Steuergeräten empfangen.
- Die Daten werden von den Empfängern geprüft.
- Die Daten werden übernommen beziehungsweise verworfen.

Die Motortemperatur zum Beispiel ist nicht nur für die Motorsteuerung relevant. Aus diesem Grund werden die Temperaturdaten auch zu anderen Steuergeräten

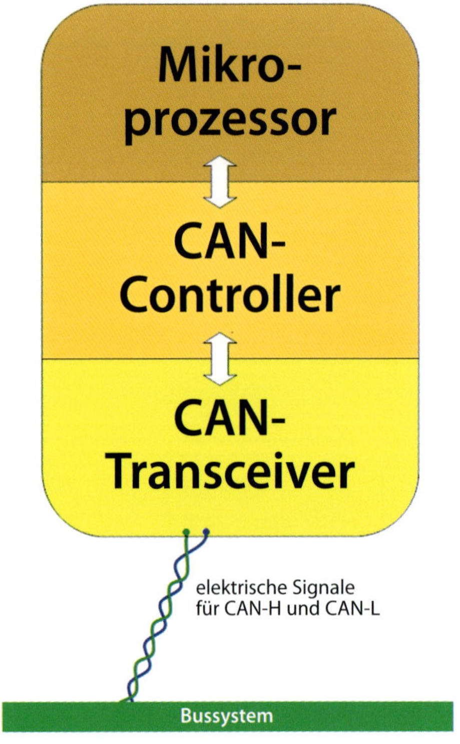

Abbildung 6: ***Die drei Ebenen eines Steuergeräts.***

übertragen. Der Motortemperaturgeber gibt die Informationen über die Kühlmitteltemperatur direkt an das Motorsteuergerät. Dieses wertet die Daten aus und regelt unter anderen die Motorsteuerung. Gleichzeitig gibt der Prozessor die Daten an den CAN-Controller. Dort wird mit den Daten eine CAN-Botschaft erstellt. Diese wandelt der CAN-Transceiver in elektrische Signale um, die auf den Bus gelegt werden. Jedes an diesem Bus angeschlossene Steuergerät erhält nun die Daten der Motortemperatur in den jeweiligen CAN-Transceiver, der hier als Empfängerbaustein fungiert. Im CAN-Controller wird die CAN-Botschaft auf Relevanz geprüft. Sind die Daten für das Steuergerät bedeutsam, werden sie an den Prozessor weitergeleitet. Sind sie unwichtig, werden die Daten verworfen.

In der Regel senden die Steuergeräte unaufgefordert die Daten an die Busteilnehmer. Dieses nennt man eine Datenbotschaft beziehungsweise einen ‚Data-Frame'. Es gibt noch drei weitere Botschaftsarten, die aber nur äußerst selten zum Einsatz kommen. Fordert ein Steuergerät Daten von einem anderen an, so benutzt es ein ‚Request-Frame', also eine Datenanforderungsbotschaft. Diese Botschaft ist genauso aufgebaut wie eine Datenbotschaft, in der die Daten fehlen. Zur Kennzeichnung, ob es sich um eine Datenbotschaft oder eine Anforderung handelt, wird ein Bit (das Remote-Transmission-Request – RTR) nach den Identifier-Bits verwendet. Ist dieses Bit gesetzt,

Übertragungsprotokolle

- **Data-Frame:** Übertragen von Daten
- **Remote-Frame:** Anforderung von Daten
- **Error-Frame:** Melden von Übertragungsfehlern
- **Overload-Frame:** Ein Steuergerät ist nicht bereit, Daten aufzunehmen.

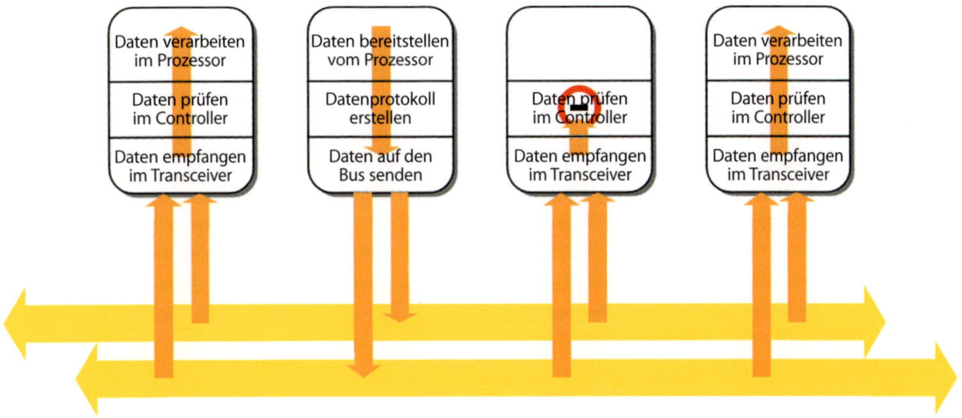

Abbildung 7: ***Ablauf der Datenübertragung.***

handelt es sich um eine Botschaft, ist dieses Bit nicht gesetzt, fordert der Sender Daten an. Mithilfe einer Fehlerbotschaft (Error-Frame) meldet ein Steuergerät einen Übertragungsfehler. Ist ein Steuergerät nicht bereit Nachrichten aufzunehmen, kann es die anderen Steuergeräte durch Senden einer ‚Überlaufbotschaft' (Overload-Frame) auffordern, mit dem Senden weiterer Botschaften zu warten.

2.5 Datenübertragungsrate

Die Datenübertragungsrate legt fest, wie viele Bits pro Sekunde auf dem Bus übertragen werden können. Ein Datenframe im Standardformat ist maximal 130 Bits lang. Bei einer Datenübertragungsrate im Low-Speed-Bus von zum Beispiel 100 kBit/s dauert es demnach maximal 1,3 ms bis eine Botschaft komplett auf den Bus gelegt wurde.

Abbildung 8: ***Berechnung der Übertragungszeit.***

$$t_{Bit} = \frac{1\ \text{Bit}}{\text{DÜ}} = \frac{1\ \text{Bit}}{100.000\ \text{Bit/s}} = 0{,}00001\ \text{s} = 10\ \mu\text{s}$$

$$t_{Frame} = t_{Bit} \cdot n_{Bit} = 10\ \mu\text{s} \cdot 130 = 1.300\ \mu\text{s} = 1{,}3\ \text{ms}$$

Da sich die Signale auf dem Bus auch noch ausbreiten müssen, darf die Zeit, die ein Signal auf dem Bus anliegt, nicht kürzer sein, als die Zeit, die das Signal benötigt, um am Busende anzukommen. Hieraus ergeben sich für die Datenübertragungsraten unterschiedliche maximale Buslängen. Je höher die Datenübertragungsrate eines Systems ist, desto geringer ist die maximale Kabellänge des Busses. Im CAN-Low-Speed bei 100 kBit/s beträgt sie ca. 500 m, im CAN-High-Speed maximal 130 m bei einer Übertragungsgeschwindigkeit von 500 kBit/s.

Die Datenübertragungsrate wird auch oft als ‚Baudrate' bezeichnet. Im ursprünglichen Sinne gibt die Baudrate die Anzahl von Zustandsänderungen eines Signals pro Sekunde an. Da es in digitalen Systemen wie dem CAN-Bus nur zwei unterschiedliche Zustände gibt, lässt sich hier die Baudrate mit der Datenübertragungsrate gleichsetzen. Eine Datenübertragungsrate von 125 kBit/s entspricht also auch einer Baudrate von 125 baud.

2.6 CAN-Signalbilder

Die CAN-Signale im High-Speed- und im Low-Speed-Bus unterscheiden sich nicht nur in der Übertragungsgeschwindigkeit, vielmehr haben sie auch unterschiedliche Spannungspegel. Genau wie die Datenübertragungsrate, der Protokollaufbau sowie der Aufbau der CAN-Komponenten werden auch die Spannungspegel für den

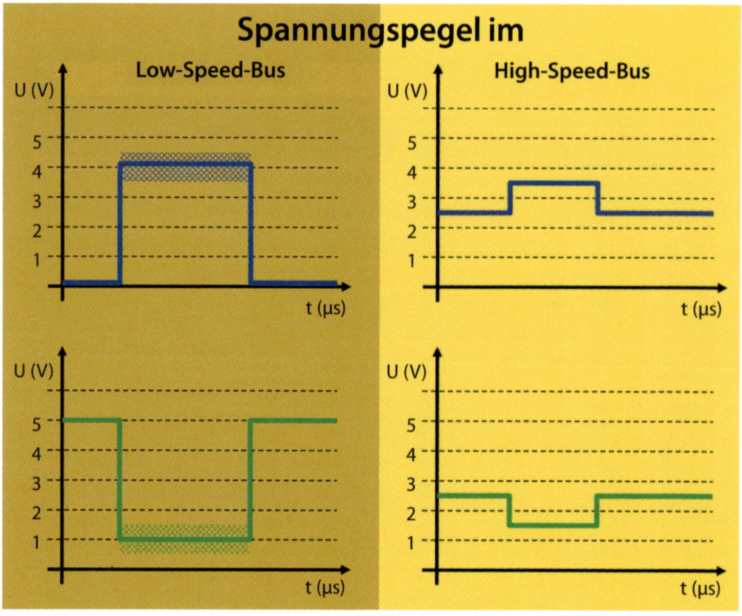

Abbildung 9: CAN-Pegel nach ISO 11898.

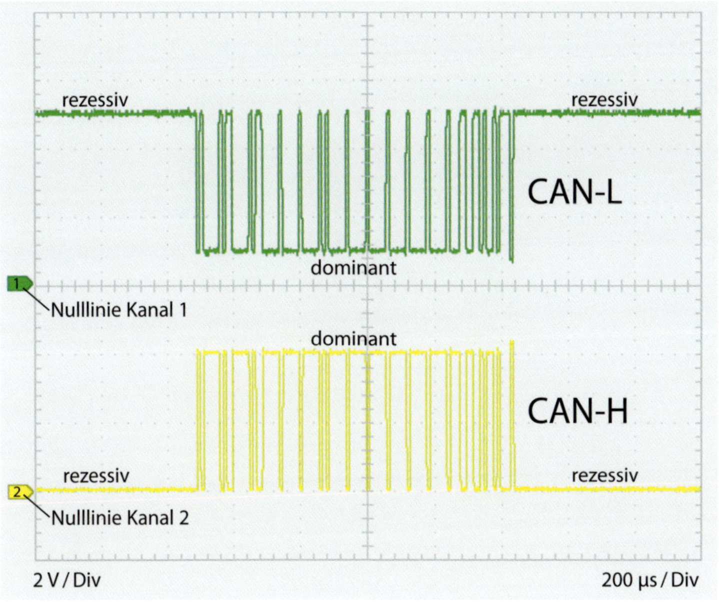

Abbildung 10: Spannungsverläufe im Low-Speed-Bus.

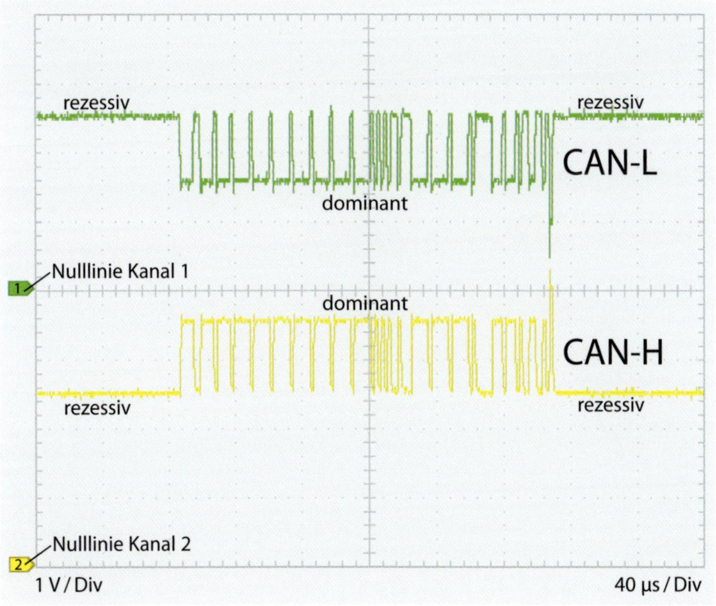

Abbildung 11: Spannungsverläufe im High-Speed-Bus.

CAN-Bus in der ISO 11898 festgelegt. Den Pegel, den der Bus in Ruhelage einnimmt, nennt man rezessiven Pegel oder auch rezessiven Zustand. Der andere Zustand ist der dominante Zustand, beziehungsweise der dominante Pegel.

Im Low-Speed-Bus wird der rezessive Pegel von CAN-H auf 0 V und der von CAN-L auf 5 V festgelegt. Im dominanten Zustand sind die Spannungspegel auf der CAN-H-Leitung mindestens 3,6 V auf der CAN-L-Leitung maximal 1,4 V groß.

Im High-Speed-Bus liegt der rezessive Pegel für beide Leitungen, CAN-H und CAN-L, auf 2,5 V. Im dominanten Zustand geht der CAN-H-Pegel um 1 V nach oben, der CAN-L-Pegel um 1 V nach unten.

Bei den in der ISO 11898 festgelegten Spannungspegeln handelt es sich um die Grenzwerte. Im Low-Speed-Bus liegt die Spannungsdifferenz zwischen dem rezessiven und dem dominanten Pegel in der Regel bei ungefähren 4 V.

Im High-Speed-Bus werden die vorgegebenen Werte normalerweise recht genau erreicht. Die Abweichungen sind hier meistens nur äußerst gering.

2.7 Datenbotschaften auslesen

In Fahrzeugen mit Vollausstattung kommt es häufig zu kompletten Batterieentladungen. Wenn dies durch einen sogenannten Buswecker hervorgerufen wurde, muss

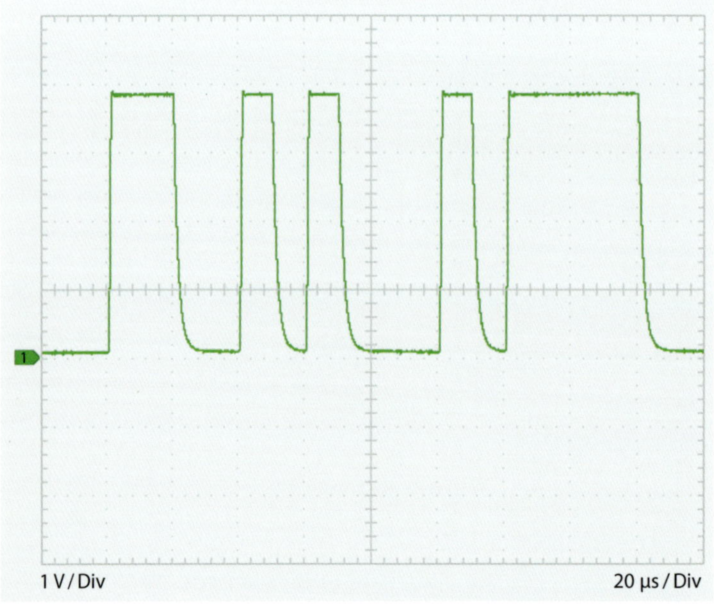

Abbildung 12: ***Oszillogramm einer CAN-H-Botschaft.***

CAN-Bus	Leitung	Spannung (V)	Logischer Zustand	Buszustand
Low-Speed	CAN-H	0	1	rezessiv
		zirka 4	0	dominant
	CAN-L	5	1	rezessiv
		zirka 1	0	dominant
High-Speed	CAN-H	2,5	1	rezessiv
		zirka 3,5	0	dominant
	CAN-L	2,5	1	rezessiv
		zirka 1,5	0	dominant

Tabelle 3: ***Zustandsübersicht.***

unter Umständen eine Langzeitmessung auf dem CAN-Bus durchgeführt werden. In der Auswertung wird man dann feststellen können, welche Botschaft den Bus ‚geweckt' hat.

Geklärt ist dabei noch nicht, zu welchem Steuergerät die Botschaft gehört. Die einzige Möglichkeit dies festzustellen, besteht darin, den Identifier auszulesen.

Daten werden auf dem CAN-Bus wie bereits erwähnt seriell übertragen, das bedeutet, dass sie ‚Bit' für ‚Bit' übertragen werden. Jedes Bit kann dabei den logischen Zustand ‚1' oder ‚0' annehmen. Jedem Buszustand wird ein logischer Zustand zugeordnet. Hierbei gilt: Ein dominanter Buszustand entspricht einer logischen Null, der rezessive Buszustand entspricht einer logischen Eins (Tabelle 3).

Mit diesen Informationen kann der Identifier der Botschaft ausgelesen werden. In Abbildung 12 wird im Low-Speed-Bus eine CAN-H-Botschaft dargestellt. Die Auflösung wurde so gewählt, dass pro Zeiteinheit (gestrichelte Linie) zwei Bits abgebildet werden. Die Botschaft startet mit dem Start of Frame (SoF). Anschließend folgen die 11 Bits für den Identifier (ID). Da eine Botschaft immer mit einem dominanten Bit startet, ordnet man für das SoF den logischen Zustand ‚0' zu. Alle Bits mit demselben Spannungspegel erhalten somit den gleichen logischen Zustand.

Dabei gilt es zu beachten, dass aus Synchronisationsgründen nie mehr als fünf gleiche Bits hintereinander im CAN-Bus auftauchen dürfen. Um dies zu gewährleisten, fügt der Transceiver des sendenden Steuergeräts nach fünf gleichen Bits ein Bit mit umgekehrter Ausrichtung ein. In den Transceivern der Empfängersteuergeräte werden diese eingefügten Bits wieder herausgelöscht, sodass die Empfänger die Botschaft auswerten können. Dieses Verfahren nennt man Bitstuffing. Soll also eine Botschaft auf dem Bus ausgelesen werden, muss man beachten, dass nach fünf gleichen Bits immer ein Stuffbit folgt. Im fehlerfreien Zustand dürfen in einer Botschaft zwischen dem Anfang (Start of Frame) und dem Siche-

Abbildung 13:
Botschaft auslesen: Die ID dieser Botschaft lautet ‚01101011101'.

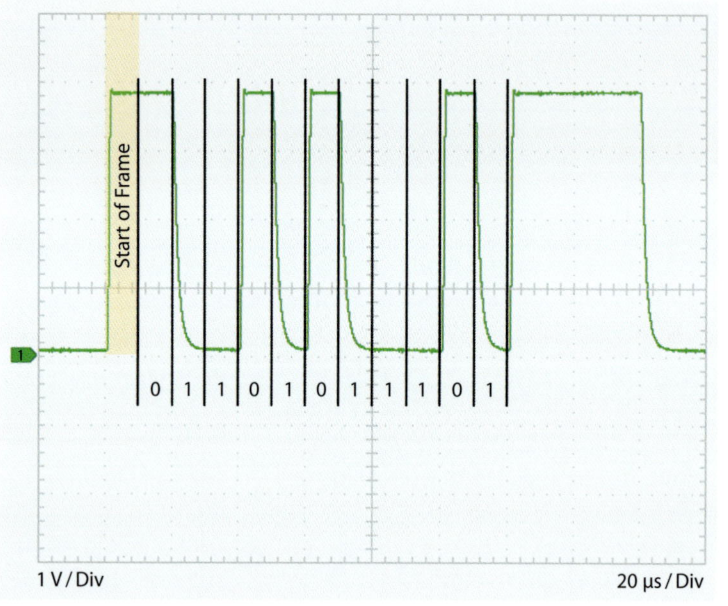

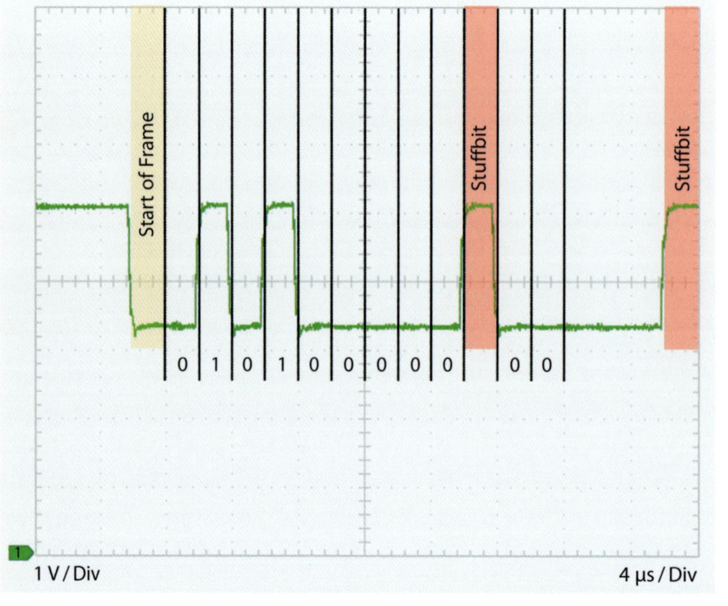

Abbildung 14:
Botschaft mit Stuffbits.

rungsfeld CRC (Cyclic-Redundancy-Check) nicht mehr als fünf gleichwertige Bits aufeinander folgen. Da sich am Ende einer Botschaft der Bus durchgehend im rezessiven Zustand befindet, erscheint es so, dass das Bitstuffing auf die gesamte Botschaft angewendet wird. Soll die ID einer Botschaft bestimmt werden, in der fünf gleiche Bits hintereinander folgen, so muss das Bitstuffing angewendet werden.

Der Bus (Abbildung 14) befindet sich bei 2,5 V im rezessiven Zustand. Der dominante Pegel liegt bei 1,5 V. In diesem Beispiel wird also ein Teil einer CAN-L-Botschaft aus dem High-Speed-Bus dargestellt. Soll hier die ID ausgelesen werden, müssen zuerst alle Stuffbits aus dem Diagramm herausgenommen werden. Anschließend kann die ID wieder direkt herausgelesen werden. Diese High-Speed-Botschaft hat demnach eine ID von ‚01010000000'. Da Identifier in der Regel als Hexadezimalzahl angegeben werden, muss die bestimmte Dualzahl in eine Hexadezimalzahl umgewandelt werden. Im Hexadezimalsystem stehen 16 statt wie im Dezimalsystem 10 Ziffern zur Verfügung. Dies sind die Ziffern 0 bis 9 und dazu die Buchstaben A bis F. Wobei das A für eine dezimale 10 und das F für eine dezimale 15 steht.

Soll also eine Dualzahl in eine Hexadezimalzahl umgewandelt werden, teilt man diese Dualzahl von rechts beginnend in Viererblöcke auf. Diesen Blöcken wird dann jeweils entsprechend der Tabelle eine Hexadezimalzahl zugeordnet. Somit erhält man für die vorher bestimmte ID im High-Speed-Bus aus der Dualzahl ‚010 1000 0000' die Hexadezimalzahl 280hex. Aus der im Low-Speed ermittelten ID ‚011 0101 1101' ergäbe sich somit die Hexadezimalzahl 35Dhex. Hierbei ist zu beachten, dass führende Nullen nicht wegfallen dürfen. Der Identifier einer Standardbotschaft muss 11 Bit lang bleiben.

Dezimal	Dual	Hexadezimal
0	0000	0
1	0001	1
2	0010	2
3	0011	3
4	0100	4
5	0101	5
6	0110	6
7	0111	7
8	1000	8
9	1001	9
10	1010	A
11	1011	B
12	1100	C
13	1101	D
14	1110	E
15	1111	F

Abbildung 15: Zahlensysteme

3. Fehlerbehandlung

Eine Anforderung an Datenbusse in Kraftfahrzeugen ist eine hohe Datenzuverlässigkeit. Unterschiedliche Fehlererkennungsverfahren sorgen dafür, dass die Restfehlerwahrscheinlichkeit im CAN-Bus unter 10-11 liegt. Prinzipiell unterscheidet man zwischen fünf Fehlerarten, die von den Steuergeräten unterschiedlich behandelt werden:

- Bestätigungsfehler
- CRC-Fehler
- Bitfehler
- Formatfehler
- Stuff-Fehler

3.1 Bestätigungsfehler

Am Ende einer Botschaft wartet das sendende Steuergerät darauf, dass die Empfänger den Empfang der Nachricht bestätigen. Dies geschieht durch Senden eines dominanten Bits. Dieses von den Empfängern gesendete Bit nennt man Acknowledge-Signal und ist in einer Botschaft immer das letzte dominante Bit. Da alle Steuergeräte dieses Signal senden sobald sie die Botschaft korrekt erhalten haben, kommt es hier meist zu einem etwas erhöhten Ausschlag des letzten Bits.

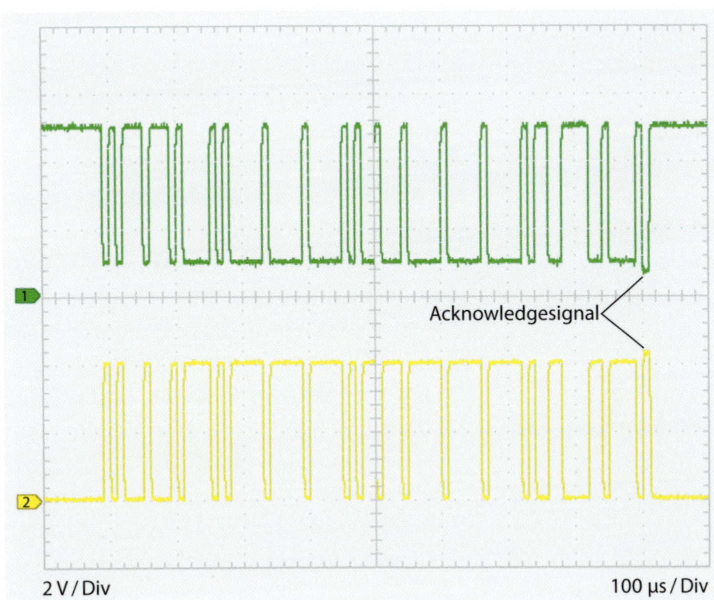

Abbildung 16:
Acknowledge-Signal.

Das Acknowledge-Signal bestätigt dem Sender, dass seine Botschaft einwandfrei auf dem Bus übertragen wurde. Allerdings wird hierdurch nicht gewährleistet, dass alle am Bus angeschlossenen Steuergeräte die Botschaft auch erhalten haben, da dem Sender ein Acknowledge-Signal am Ende der Botschaft als Bestätigung genügt.

3.2 CRC-Fehler

Um Übertragungsfehler festzustellen, wird in jeder Botschaft eine Prüfsumme mitgeschickt. Die Empfänger können nun durch einen logischen Algorithmus berechnen, ob die Daten richtig übertragen wurden. Erkennt ein Teilnehmer am Bus einen CRC-Fehler, sendet das Steuergerät nach dem Bestätigungsfeld ein Error-Frame. Diese Fehlerbotschaft beginnt mit sechs aufeinander folgenden dominanten Bits, denen in der Regel noch einmal sechs dominante und anschließend acht rezessive Bits folgen. Da es durch das Bitstuffing-Verfahren nicht zu mehr als fünf aufeinander folgenden gleichen Bits kommen darf, merkt somit jeder Busteilnehmer, dass ein Fehler erkannt wurde.

3.3 Bitfehler

Der Transceiver-Baustein des Senders liest während des Sendevorgangs die Daten auf dem Bus mit und vergleicht diese intern mit der vom CAN-Controller vorgegebenen Bitfolge. Treten nach der Arbitrierung Unterschiede auf, wird der Sendevorgang abgebrochen und ein Fehler angezeigt. Sobald der Bus wieder bereit ist, wird ein neuer Sendeversuch gestartet.

3.4 Formatfehler

Am Ende des CRC-Feldes sind das zweite Bit im Bestätigungsfeld sowie die sieben Bits im Endefeld immer rezessiv, also in Ruhelage. Sobald eines dieser Bits einen dominanten Zustand einnimmt, liegt ein Fehler des Botschaftsformats vor. Dies könnte durch zum Beispiel elektromagnetische Störeinflüsse hervorgerufen werden. Die Teilnehmer erkennen dies und senden entsprechend eine Fehlerbotschaft. Anschließend unternimmt der Sender einen erneuten Sendeversuch.

3.5 Stuff-Fehler

Sobald innerhalb einer Botschaft sechs gleichwertige Bits aufeinander folgen, gilt die Botschaft als fehlerhaft, da dieser Zustand infolge des Bitstuffings bis zum Endefeld nicht auftreten darf. Erst im End of Frame (im Endefeld) werden sieben rezessive Bits übertragen.

Wird von einem Teilnehmer des Busses einer der genannten Fehler erkannt, so warnt er die anderen Busteilnehmer durch Aussenden eines Error-Frames. Da eine Fehlerbotschaft aus sechs dominanten Bits in Folge besteht, kann zu jeder Zeit mit dieser Botschaft eine laufende Übertragung unterbrochen werden. Damit ein fehlerhaftes Steuergerät nicht durch permanentes Senden einer Fehlerbotschaft den gesamten Datenverkehr auf dem Bus lahmlegt, besitzt jedes Steuergerät einen internen Fehlerzähler. Wird eine bestimmte Zahl an Fehlern erkannt, darf das Steuergerät keinen Error-Frame mehr senden. Werden von dem Steuergerät weiterhin Fehler registriert, darf das Steuergerät nicht mehr senden. Es wird vom Bus entfernt und kann nur durch einen Reset wieder in Betrieb genommen werden.

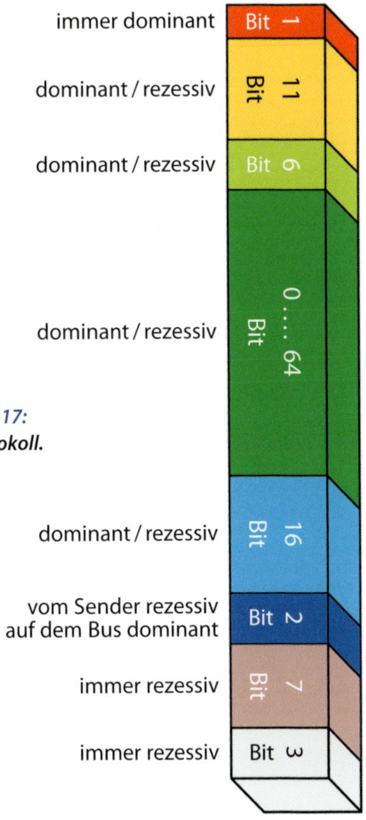

Abbildung 17: ***Datenprotokoll.***

3.6 Differenzsignale

Fehler in einer Botschaft entstehen vor allem durch äußere Einflüsse. Solche Störungen werden zum Beispiel durch Betätigen des Fensterhebermotors oder anderen elektromagnetischen Aktoren hervorgerufen. In einem Botschaftssignal wirken sich solche Störungen auf die Amplitude des Signals aus. Das bedeutet, dass die Amplitude des einzelnen Bits so verändert werden könnte, dass im Endeffekt von Busteilnehmern eine logische Eins anstelle einer logischen Null erkannt werden könnte, oder auch umgekehrt. Um diese Fehler durch äußere Einflüsse zu verhindern, werden im CAN-Bus sogenannte ‚Twisted-Pair-Leitungen' verwendet. Dadurch, dass die Leitungen dicht beieinander liegen, wirken sich die Störungen von außen immer auf beide Leitungen gleich aus. Zur Auswertung lesen die Busteilnehmer nicht die Botschaften jeder einzelnen Leitung aus, sondern bilden immer ein Differenzsignal. Das bedeutet, dass im Steuergerät jeweils das CAN-L-Signal vom CAN-H-Signal abgezogen wird. Da im Low-Speed-Bus der rezessive Pegel der CAN-H-Leitung auf 0 V und der rezessive Pegel der CAN-L-Leitung auf 5 V liegt, ergibt sich als Differenzsignal für den rezessiven Zustand eine Spannung von UCAN-H – UCAN-L = –5 V. Im dominanten Zustand liegt der CAN-H-Pegel bei ungefähr 4 V und der CAN-L-Pegel bei ungefähr 1 V. Somit ergibt sich im dominanten Zustand ein Differenzsignal von annähernd 3 V (4 V – 1 V = 3 V). Als Differenzsignal entsteht

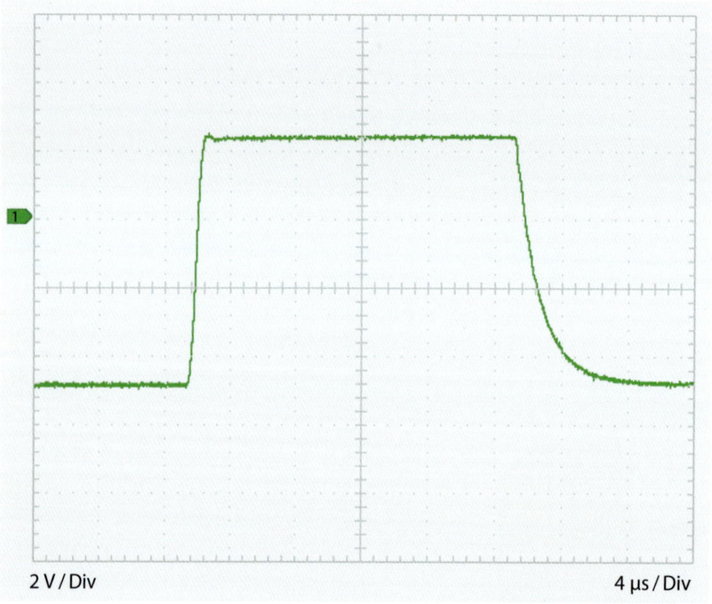

Abbildung 18:
Differenzsignal im Low-Speed-Bus.

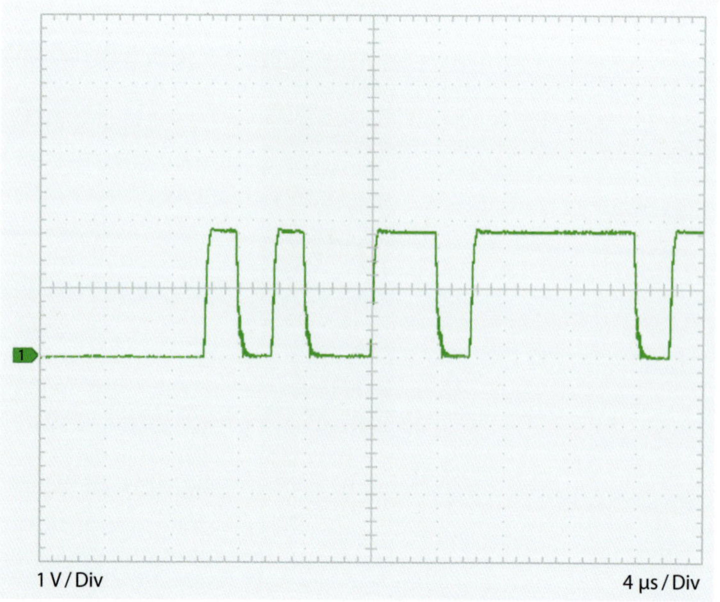

Abbildung 19:
Differenzsignal im High-Speed-Bus.

somit eine Rechteckspannung, deren Amplitude zwischen –5 V und +3 V springt.

Im High-Speed-Bus liegen sowohl die CAN-H- als auch die CAN-L-Leitung im rezessiven Zustand auf 2,5 V. Die Differenz dieser beiden Pegel ergibt 0 V. Der dominante Pegel der CAN-H-Leitung ist ungefähr 3,5 V, der der CAN-L-Leitung 1,5 V groß. Hieraus ergibt sich eine Differenzspannung von circa 2 V.

Kommt es nun zu einer Störung durch zum Beispiel elektromagnetische Einflüsse, so würde sich diese in der Amplitude bemerkbar machen. Durch die Differenzbildung der Signalspannungen wird die Störung heraus subtrahiert. Das Differenzsignal bleibt genau so groß wie im störungsfreien Fall.

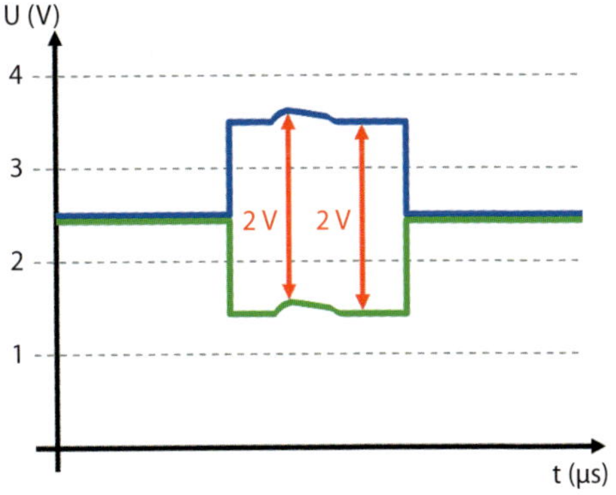

Abbildung 20: ***Differenzsignal mit Störungen im High-Speed-Bus.***

Durch dieses Verfahren wird im CAN-Bus die benötigte hohe Sicherheit gegenüber äußeren Einflüssen erreicht.

3.7 Vernetzungskonzepte

Es gibt unterschiedliche Möglichkeiten, Steuergeräte miteinander zu verbinden. Die einfachste besteht darin, von Steuergerät zu Steuergerät eine direkte Verbindung herzustellen. Der Vorteil dabei ist, dass der Ausfall eines Geräts keinen Einfluss auf die Kommunikation der anderen Steuergeräte hat. Auch ein Leitungsfehler, wie zum Beispiel ein Masseschluss einer Kommunikationsleitung, würde sich nur auf die Kommunikation der beiden jeweiligen Teilnehmer auswirken, die an die Leitung angeschlossen sind. Der Nachteil einer direkten Verbindung besteht darin, dass jedes Steuergerät mit mehreren Kommunikationsein- und -ausgängen versehen werden muss. Auch der Anteil der benötigten Kabel wäre bei einer direkten Verbindung sehr hoch. Und schließlich kommt noch hinzu, dass eine Diagnose über mehrere Steuergeräte zeitgleich kaum möglich wäre. Aus diesen Gründen hat man sich entschieden, Bussysteme in Kraftfahrzeugen zu verbauen, die für unterschiedliche Einsatzzwecke in verschiedenen Topologien aufgebaut werden.

Die Topologie eines Bussystems kennzeichnet die Art, mit welcher die Busteilnehmer miteinander verbunden werden. Hierfür gibt es unterschiedliche Konzepte.

Die in Abbildung 21 beschriebene direkte Verbindung (Peer to Peer) wird nur bei der Verbindung von wenigen Teilnehmern, in der Regel zwei, angewendet. Bei einer linearen Vernetzung (Abbildung 22) werden die Busteilnehmer an eine Stegleitung angeschlossen.

Der Vorteil dabei ist, dass der Ausfall eines Steuergeräts keinen Einfluss auf die Kommunikation der anderen Busteilnehmer nimmt. Allerdings ist die Fehlerdiagnose in diesem System etwas umständlicher, da die Anschlüsse der Teilnehmer an die Stegleitung gesucht und freigelegt werden müssen. Aus diesem Grund wird der CAN-Bus in Kraftfahrzeugen meist in einer Sterntopologie ausgelegt, oder in einer Kombination aus Stern und linearer Vernetzung, die auch Baumtopologie genannt wird. Bei einer Sterntopologie (Abbildung 23) werden die Datenleitungen aller Busteilnehmer in einem zentralen Punkt zusammengefasst. Im einfachsten Fall besteht dieser Punkt aus den am Ende abisolierten und zusammen verdrillten Leitungen.

Auch bei diesem Vernetzungskonzept hat ein Ausfall eines Busteilnehmers keinen Einfluss auf die Kommunikation der anderen. Fehler lassen sich in diesem Konzept gut lokalisieren, solange der Sternpunkt erreichbar ist. Die Verbindung der einzelnen Teilnehmer in einem Punkt kann auch mit einem Steuergerät realisiert werden (Abbildung 24). Dieser aktive Sternpunkt hat dann den Vorteil, dass Fehler direkt lokalisiert und angezeigt werden können. Fällt das zentrale Steuergerät allerdings aus, bricht das gesamte System zusammen.

Abbildung 21: **Peer-to-Peer-Verbindung.**

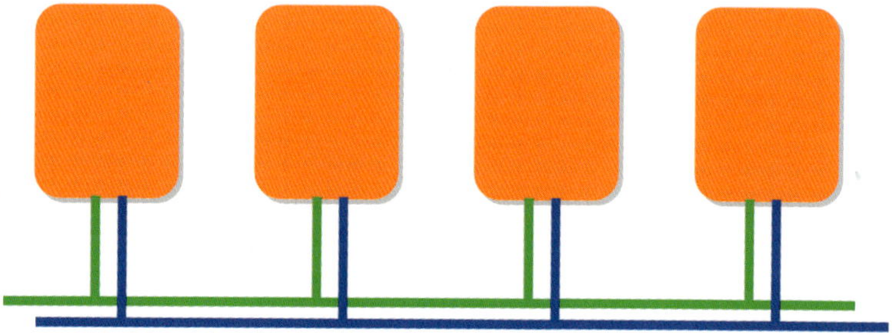

Abbildung 22: **Lineare Vernetzung.**

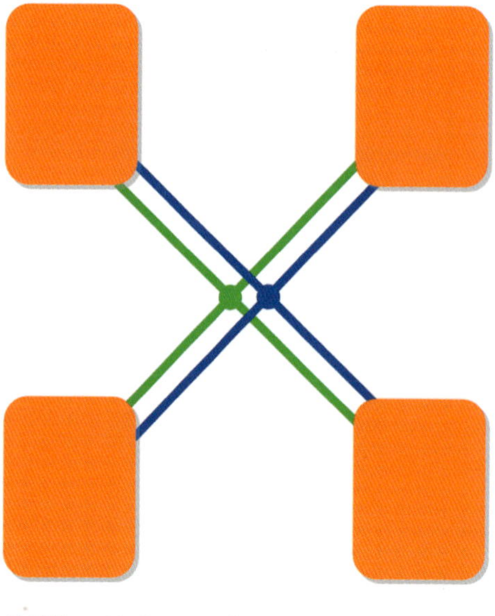

Abbildung 23: **Sterntopologie mit Verbindungspunkt.**

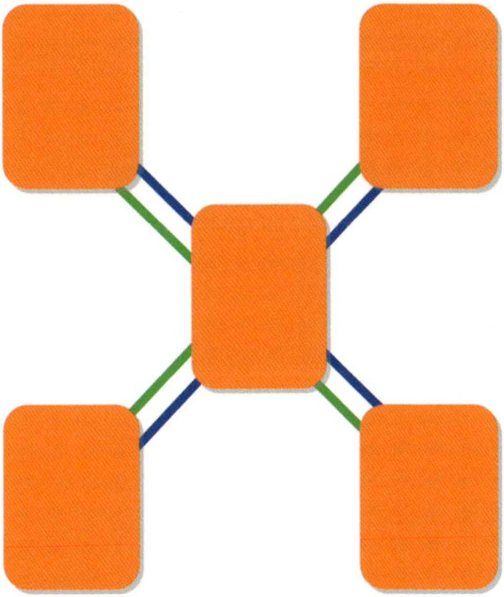

Abbildung 24: ***Sterntopologie mit Steuergerät als Sternpunkt.***

Für die Diagnose ist es wichtig herauszufinden, um welche Topologie es sich in dem Fahrzeug handelt. Dies kann man aus den Herstellerunterlagen oder aus den Stromlaufplänen entnehmen, wobei man diese dann auch richtig lesen muss. In den Stromlaufplänen von Volkswagen zum Beispiel erscheint es auf den ersten Blick so, als läge für die Vernetzung der CAN-Busse eine reine lineare Vernetzung vor.

Bei der vermeintlich linearen Verbindungsleitung handelt es sich in der Realität allerdings nicht um eine Leitung, sondern um eine Verbindung, also einen einzelnen Punkt im Kabelbaum. Dieser Punkt wird beim Golf durch Zusammencrimpen der abisolierten CAN-Leitungsenden realisiert. Für die Fehlersuche ist es elementar, dass diese Verbindungspunkte freigelegt werden. In dem Fall des Golf V gestaltet sich dies äußerst schwierig, da diese Verbindungen in den Hauptleitungsstrang eingebunden werden. Sie befinden sich unterhalb des Armaturenbretts. Eine zielgerichtete Fehlersuche ist somit in diesem System nur schwer umsetzbar. Etwas einfacher gestaltet sich dies in einem Audi. Beim A8 zum Beispiel gibt es sowohl für den High-Speed-Bus als auch für den Low-Speed-Bus jeweils zwei Verbindungspunkte, die nach außen geführt und mit einer Steckverbindung (Abbildung 26) versehen wurden. Zum Diagnostizieren und Messen auf dem Bus benötigt man hier lediglich einen Messadapter.

Noch komfortabler gestaltet sich die Fehlersuche bei Mercedes. Hier werden die Verbindungspunkte mit sogenannten Potenzialverteilern ausgeführt. Die CAN-H- und die CAN-L-Leitung jedes Steuergeräts werden an dem Ende, welches zum zentralen Punkt geführt werden soll, mit einem zweipoligen Stecker versehen. Diese Stecker werden einfach auf den Potenzialverteiler (Abbildung 27) gesteckt, welcher im Prinzip lediglich aus zwei kurzen Schienen besteht. Somit wird erreicht, dass die jeweiligen CAN-Leitungen miteinander verbunden sind.

Soll zur Fehlersuche ein Steuergerät aus dem System entfernt werden, muss hier nur der entsprechende Stecker gezogen werden.

Eine weitere Möglichkeit, Busteilnehmer miteinander zu vernetzen, bietet die

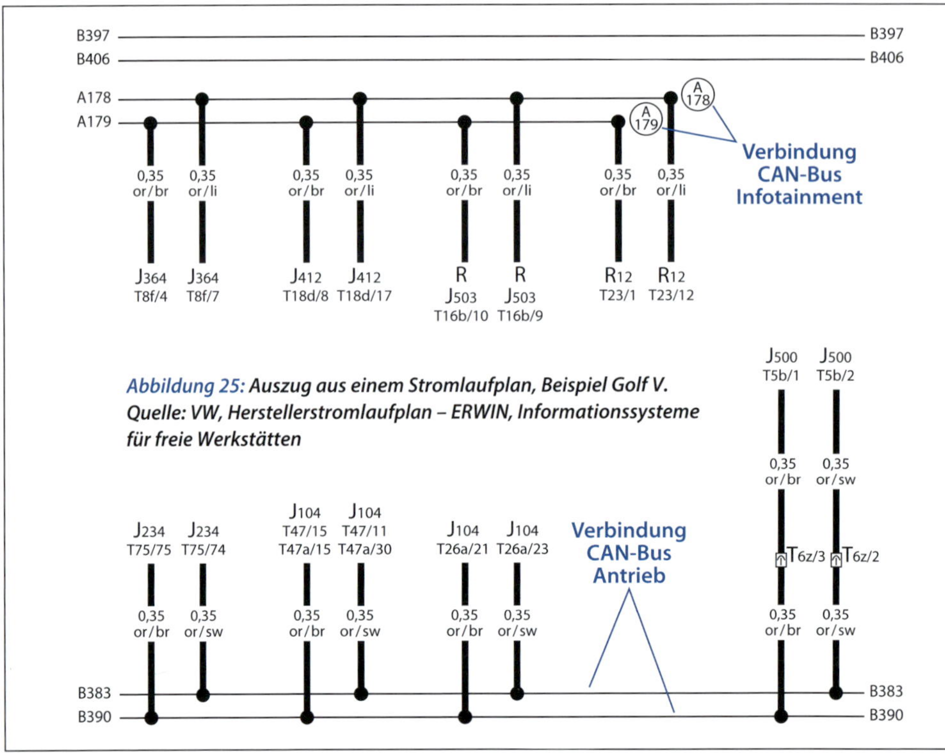

Abbildung 25: ***Auszug aus einem Stromlaufplan, Beispiel Golf V. Quelle: VW, Herstellerstromlaufplan – ERWIN, Informationssysteme für freie Werkstätten***

Abbildung 26: ***CAN-Trennstecker.***

Ringtopologie (Abbildung 28). Bei dieser werden alle Steuergeräte ringförmig miteinander verbunden. Dieses Verfahren wird vor allem bei optischen Bussen wie zum Beispiel dem MOST-Bus angewendet. Fällt in diesem System ein Steuergerät aus, so bricht die Kommunikation des gesamten Busses zusammen. Fehler, wie zum Beispiel eine Unterbrechung im Ring, lassen sich nicht so einfach lokalisieren, da keine Kommunikation mit den Steuergeräten mehr möglich ist. Aus diesem Grund werden die meisten optischen Busse zusätzlich mit einem Diagnosebus ausge-

Abbildung 27:
Potenzialverteiler.

stattet. Dieser Einleiterbus besteht in der Regel aus Kupferdraht und verbindet die Steuergeräte zusätzlich sternförmig miteinander. Er wird nur zu Diagnosezwecken verwendet.

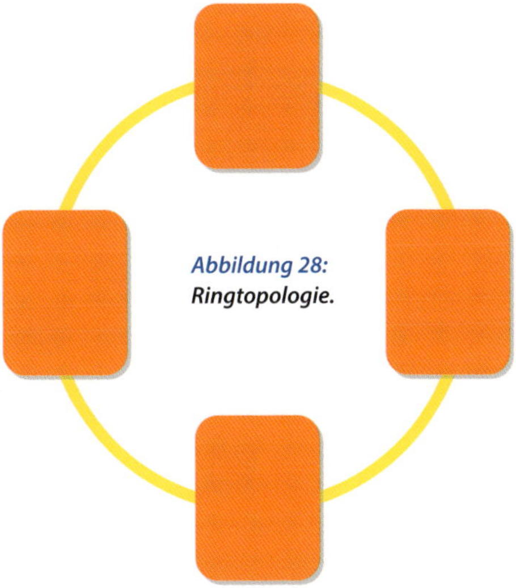

Abbildung 28:
Ringtopologie.

3.8 Gateway

Ein großer Vorteil von vernetzten Systemen ist, dass sich mehrere Steuergeräte die Sensoren teilen können. So sind die Informationen über die aktuelle Motordrehzahl beziehungsweise -temperatur des Fahrzeugs nicht nur für das Motorsteuergerät relevant. Diese Informationen werden auch von der Anzeigeneinheit, vom Komfortsteuergerät und unter Umständen auch vom Infotainmentsystem benötigt. Nun sind das Motorsteuergerät, welches diese Informationen direkt von den Sensoren erhält, am High-Speed-Bus, das Komfortsteuergerät am Low-Speed-Bus und das Infotainmentsystem am Infotainmentbus angeschlossen. Und je nach Fahrzeughersteller ist es möglich, dass auch für die Anzeigeneinheit ein eigener Bus verbaut wird. Alle diese Busse zeichnen sich dadurch aus, dass sie mit unterschiedlichen Spannungspegeln und Übertragungsgeschwindigkeiten arbeiten, der Infotainmentbus vielleicht sogar als MOST-Bus ausgelegt wurde. Um nun zum Beispiel die Daten des Temperaturgebers von einem System zum anderen übermitteln zu können, wird ein Steuergerät benötigt, welches die Informationen von den einzelnen Bussystemen aufnimmt und sie so verarbeitet, dass diese auf den anderen Systemen auch gelesen werden können. Dieses Steuergerät nennt man ‚Gateway'.

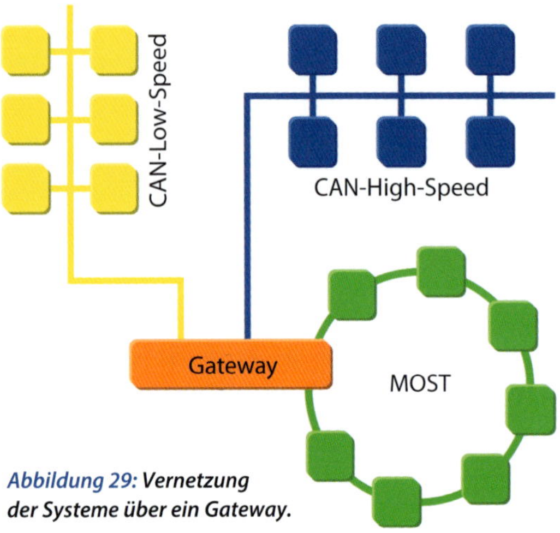

Abbildung 29: ***Vernetzung der Systeme über ein Gateway.***

in einem als Ring aufgebauten Bus arbeitet, könnte dieser dagegen nicht mehr arbeiten.

Neben der Funktion, Daten zwischen unterschiedlichen Bussystemen zu übertragen, übernimmt das Gateway auch die Aufgabe der Diagnose. Da in der Regel alle Bussysteme am Gateway angeschlossen sind, finden sich dort auch gemeldete Busfehler im Fehlerspeicher wieder.

Abbildung 29 zeigt den Vernetzungsplan eines Fahrzeugs, das mit High-Speed-Bus, Low-Speed-Bus, Infotainment- und Kombibus ausgelegt wurde. Alle diese Teilsysteme arbeiten völlig autark voneinander. Sollen nun Informationen von dem einem zum anderen System übermittelt werden, werden diese vom Gateway gelesen und als neue Botschaft auf den anderen Bus gesendet. Das Gateway liest somit sämtliche Botschaften auf den Bussen, mit denen es verbunden ist. Sollte das Gateway-Steuergerät ausfallen, so können die angeschlossenen Busse weiter arbeiten, allerdings keine Informationen mehr untereinander austauschen. Falls das Gateway direkt als Teilnehmer

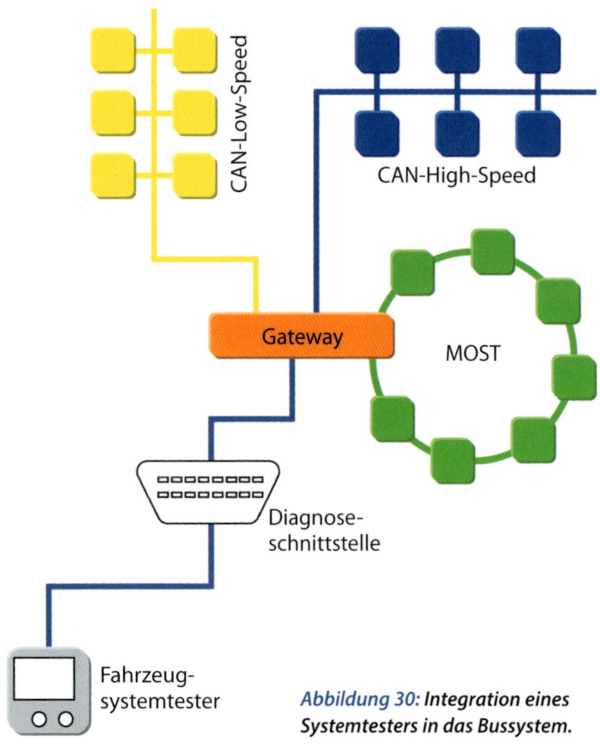

Abbildung 30: ***Integration eines Systemtesters in das Bussystem.***

Weitere Funktionen

Je nach Fahrzeughersteller kann das Gateway noch weitere Funktionen übernehmen. So wird bei vielen Fahrzeugen der Sleep-Mode durch das Gateway gesteuert. Schließt ein Fahrer sein abgestelltes Auto auf, so werden im ersten Moment alle Busse und somit auch alle Busteilnehmer aktiviert. Bei einem voll ausgestatteten Fahrzeug können hierbei durchaus 40 Ampère und mehr fließen, die das Bordnetz und im Besonderen die Batterie belasten. Sollte der Motor in diesem Fall nicht gestartet werden, liefert der Generator auch keine Energie. Die Versorgung der Busteilnehmer erfolgte dann ausschließlich über die Batterie, die nach kürzester Zeit entladen wäre. Um dies zu verhindern, werden die Busteilnehmer nach und nach abgeschaltet. Sie werden in den sogenannten Sleep-Mode versetzt. Für die Datenbusse bedeutet das, dass im Low-Speed-Bus die CAN-L-Leitung auf 12 V und die CAN-H-Leitung auf 0 V gelegt werden. Im High-Speed-Bus werden beide Leitungen auf 0 V gelegt.

Dafür liefert ein Steuergerät, in der Regel das Gateway, das Signal zum ‚Schlafen' und im Bedarfsfall auch das Signal zum ‚Aufwachen'. Allerdings kann in einem CAN-System jedes Steuergerät die Busse wecken. Das bedeutet auch, dass ein Steuergerät im Low-Speed-Bus nicht nur die Teilnehmer in diesem Bus weckt, sondern auch alle Teilnehmer in den weiteren über ein Gateway miteinander verbundenen Bussen. Neben der Überwachung des Sleep-Mode- und Wake-Up-Vorgangs übernimmt das Gateway unter Umständen auch den sogenannten ‚Klemme-15-

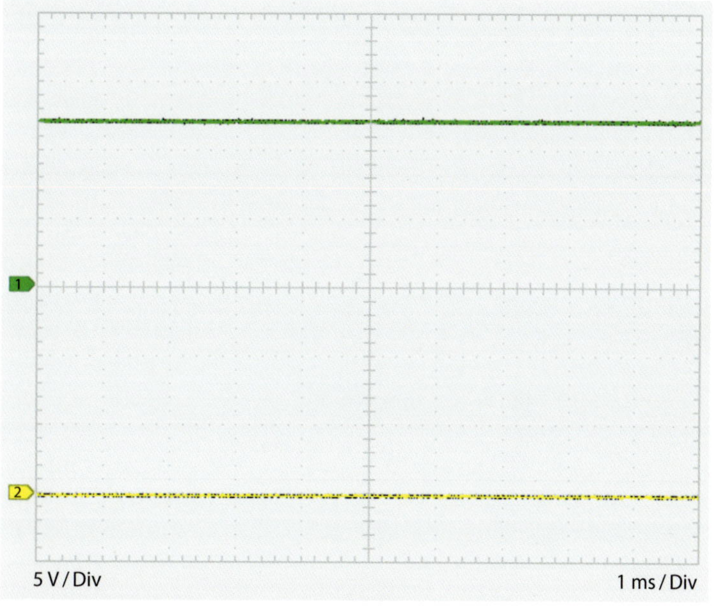

Abbildung 31: Spannungssignale im Sleep-Mode.

Nachlauf'. Hierbei wird gezielt beim Ausschalten der Zündung die Klemme 30 auf einige Steuergeräte gelegt, die noch nicht abgeschaltet werden sollen.

3.9 Leitungsfehler

So wie die Datenübertragungsrate, die Spannungspegel auf den unterschiedlichen CAN-Leitungen, der Aufbau des Datenprotokolls und vieles mehr für den CAN-Bus in der ISO 11898 festgelegt sind, gibt es auch Regeln für die typischen Leitungsfehler.

Nach ISO 11898 sind sieben Leitungsfehler festgeschrieben:

- es liegt eine Unterbrechung auf der CAN-H-Leitung vor
- es liegt eine Unterbrechung auf der CAN-L-Leitung vor
- die CAN-H-Leitung hat einen Schluss nach Masse
- die CAN-L-Leitung hat einen Schluss nach Masse
- die CAN-H-Leitung hat einen Schluss nach Plus
- die CAN-L-Leitung hat einen Schluss nach Plus
- es liegt ein Kurzschluss zwischen CAN-H und CAN-L vor

Prinzipiell kann eine Leitung unterbrochen sein, einen Schluss nach Plus oder einen Schluss nach Masse haben. Da der CAN-Bus ein Zweileitersystem mit jeweils einer CAN-H- und einer CAN-L-Leitung ist, kann es darüber hinaus zu einem Schluss zwischen beiden Leitungen kommen. Das Verhalten des Low-Speed-Busses und des High-Speed-Busses bei einem dieser Leitungsfehler ist grundsätzlich verschieden. Während der Low-Speed-Bus die Fehler toleriert und auch die Daten von nur einer Leitung auswerten kann, somit also weiterhin betriebsbereit bleibt, ist dies beim High-Speed-Bus nicht der Fall. Tritt im High-Speed-Bus einer dieser genannten Fehler auf, funktioniert der Bus nicht mehr. Das Fahrzeug ist dann nicht mehr betriebsbereit und geht bestenfalls in den Notlauf.

Sollte im Low-Speed-Bus einer der oben beschriebenen Fehler auftreten, arbeitet der Bus im sogenannten Eindrahtbetrieb. Der **Low-Speed-CAN ist eindrahtfähig.** Das bedeutet, dass jetzt nicht mehr das Differenzsignal der beiden CAN-Leitungen ausgewertet wird. Die Busteilnehmer werten nur noch die intakte Leitung aus. Für den Fahrzeugbesitzer bleibt dieser Fehler verborgen. Er macht sich nicht bemerkbar und wird auch nicht durch eine Fehlermeldung im Schalttafeleinsatz angezeigt. Allerdings können äußere Störungen nun mehr Einfluss auf die Datenübertragung der intakten Leitung nehmen, sodass eine Instandsetzung des Fehlers dringend vorgenommen werden sollte. Tritt einer der sieben ISO-Fehler im High-Speed-Bus auf, läuft das Fahrzeug bestenfalls noch im Notlaufbetrieb. **Der High-Speed-Bus ist nicht eindrahtfähig.** Da im High-Speed-Bus sicherheitsrelevante Systeme wie zum Beispiel Airbag, ABS et cetera angeschlossen sind, wird auf die Eindrahtfähigkeit verzichtet, um die Datenübertragung nicht durch externe Störungen zu verfälschen.

4. Fehlerdiagnose im Low-Speed-Bus

Auch bei einem Fahrzeug mit geringer Ausstattungstiefe sind mindestens fünf bis sechs Steuergeräte am Low-Speed-Bus angeschlossen. Soll in diesem System ein Leitungsfehler auf herkömmliche Art gefunden werden, müssten als erstes sämtliche Steuergeräte sowie die Verbindungspunkte der Datenleitungen freigelegt werden. Erst dann lassen sich die Leitungen einzeln durchmessen.

In höherklassigen Fahrzeugen sind durchaus 30 bis 40 Steuergeräte am Bus angeschlossen. Sollen Leitungsfehler bei diesen Fahrzeugen durch Durchmessen der einzelnen Leitungen bestimmt werden, kann sich der Kunde auch gleich ‚ein neues Auto bestellen' – so viel zum Aufwand. In vernetzten Systemen bedarf es also einer sinnvollen Strategie, um Leitungsfehler aufzudecken!

Das Vorgehen ist im Prinzip immer dasselbe:

Als erstes wird das Fahrzeugsystem mit einem geeigneten Fahrzeugsystemtester ausgelesen. Bei einem Eindrahtfehler im Low-Speed-Bus wird der Tester melden, dass sich das System im ‚Eindraht' befindet. Da die weitere Fehlersuchstrategie abhängig von der Topologie des Bussystems ist, sollte sich der Kfz-Profi darüber hinaus mithilfe eines Vernetzungsplans Orientierung verschaffen.

In vielen Fällen wird der Tester jedoch nicht feststellen, um welchen Eindrahtfehler es sich handelt. Es ist sogar möglich, dass die Information, die der Tester liefert, irreführend ist. Zur genaueren Fehlerbestimmung bedient sich der Kfz-Profi einer Messung mit einem Multimeter oder mit einem Oszilloskop. So lässt sich letztendlich feststellen auf welcher Leitung beziehungsweise in welchem Steuergerät sich der Fehler befindet. Zur Instandsetzung muss jetzt nur das betroffene Leitungsstück oder Steuergerät freigelegt und repariert werden. Abschließend sollte man das System erneut auslesen und die Fehlerspeicher löschen, da durch die Anwendung der Fehlersuchstrategien künstlich Fehler produziert werden.

Fehlersuchstrategie

1. Fahrzeugsystem mit einem Systemtester auslesen
2. Überblick über die Vernetzung verschaffen
3. eindeutige Fehlerbestimmung durch Messung auf dem Bus
4. Strategie zur Fehlerlokalisierung anwenden
5. fehlerhafte Leitung/Steuergerät instand setzen
6. Fehlerspeicher löschen und erneut auslesen

Sie werden feststellen, dass es mithilfe der richtigen Strategie einfach und unkompliziert ist, in einem komplexen vernetzten System Fehler zu erkennen, zu lokalisieren und zu beheben. Im Folgenden wird an praktischen Beispielen aufgezeigt, wie die unterschiedlichen Leitungsfehler behoben werden können.

4.1 Unterbrechung einer CAN-Leitung am Beispiel eines VW Touran

Liegt bei einem VW Touran ein Fehler in einem vernetzten System vor, lässt sich dieser am besten im Gateway auslesen. Steht der Fahrzeugsystemtester von Volkswagen (VAS 5052) zur Verfügung, kann man sich auch eine Liste aller verbauten Steuergeräte in der sogenannten Gateway-Verbauliste anzeigen lassen. Kommen andere Tester, wie zum Beispiel ein KTS von Bosch oder VAG-Com zum Einsatz, wird der Fehlerspeicher im Gateway ausgelesen. Die Fehlermeldung lautet hier in allen Fällen, dass sich der Komfortbus im Eindrahtbetrieb befindet.

Je nach Tester kommt die Meldung dazu, dass es sich um eine Unterbrechung beziehungsweise einen elektrischen Fehler im Stromkreis handelt. Auf diese zusätzliche Information sollte man sich auf keinen Fall verlassen. Auch bei dem Beispiel ‚Touran' ist es so, dass bei jedem Eindrahtfehler im Komfortbereich der Tester den Zusatz ‚Unterbrechung' liefert (Abbildung 32). Doch Vorsicht: Diese Aussage entspricht nicht immer der Realität!

Zur weiteren Fehlereingrenzung sollte eine Messung auf dem Bus durchgeführt werden. Eine Übersicht über das jeweilige Bussystem hilft weiter. Aus dem Stromlaufplan erkennt man beispielsweise deutlich, dass der auch ‚Komfortbus' genannte Low-Speed-Bus als Sterntopologie mit je einem Sternpunkt für die CAN-H- und die CAN-L-Leitungen ausgelegt ist.

Leider ist es nicht so einfach an die Sternpunkte zu kommen, da sich diese unter dem Armaturenbrett im Hauptleitungsstrang befinden. Zur Fehlerfeststellung jedoch ist es nicht zwingend erforderlich, am Sternpunkt zu messen. So kann man der Übersicht entnehmen, dass sich

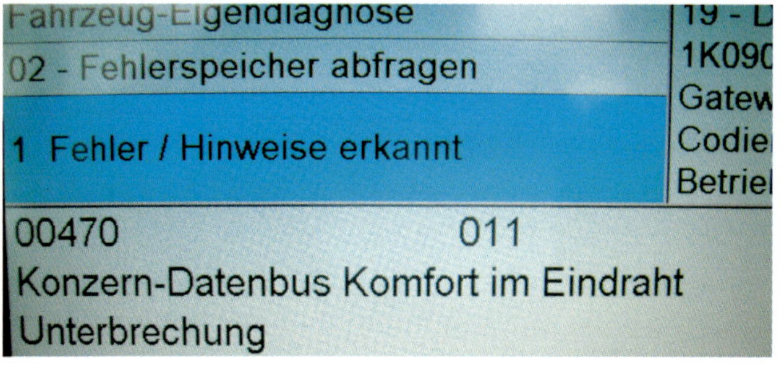

Abbildung 32: Fehlermeldung des Volkswagen-Testers VAS 5052.

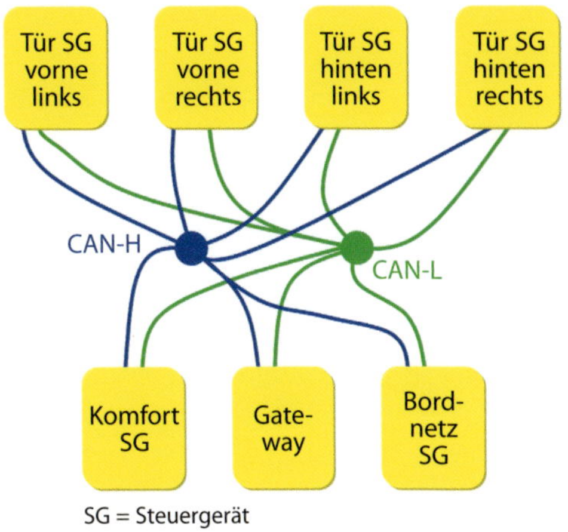

*Abbildung 33: **Vernetzung im Volkswagen Touran.***

alle Türsteuergeräte im Komfortbus befinden. Es werden also zu jedem Türsteuergerät Datenleitungen geführt. An diese kommt man am einfachsten über den Trennstecker in der B-Säule. Dieser muss adaptiert werden, damit eine Messung durchgeführt werden kann. Jetzt kann die Spannung auf den CAN-Leitungen gemessen werden.

4.2 Fehlerbestimmung mit dem Multimeter

Zur Messung mit dem Multimeter wird das Gerät auf ‚Spannungsmessung' eingestellt. Ein Messkabel muss an die Datenleitung und das andere an Fahrzeugmasse angeschlossen werden. Das Multimeter zeigt jetzt an unserem Beispiel des Volkswagen ‚Touran' einen Wert zwischen 0,3 V und 1 V an. Misst man auf der anderen Datenleitung, zeigt das Multimeter einen Wert zwischen 4 V und 4,7 V. Durch diese Spannungswerte kann man nur indirekt auf den Fehler schließen, denn die Werte bewegen sich in Bereichen, die man auch in einem intakten System messen würde. Da der Tester gemeldet hat, dass sich das System im Eindrahtbetrieb befindet, muss einer der sieben ISO-Fehler vorliegen. Bei einem Masseschluss müsste ein Messwert 0 V ergeben. Läge ein Plusschluss vor, müssten entweder 12 V (Bordnetzspannung) oder 5 V (Steuergeräteplus) gemessen werden. Bleiben nur noch drei Fehlermöglichkeiten übrig: ein Schluss zwischen den Leitungen und eben die Unterbrechung einer der beiden CAN-Leitungen.

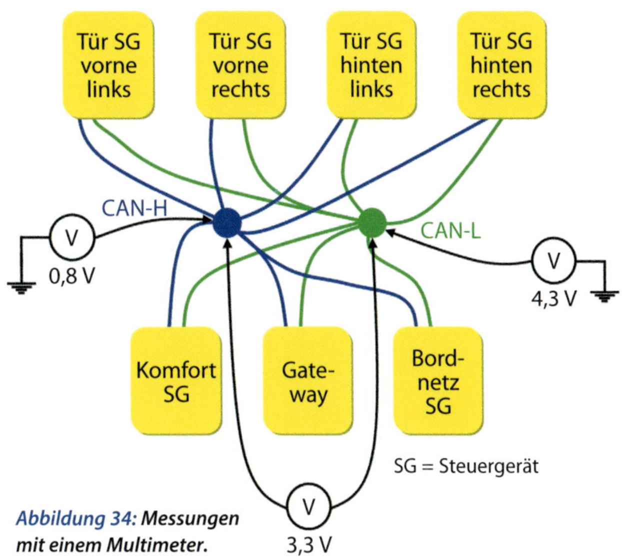

*Abbildung 34: **Messungen mit einem Multimeter.***

Den Schluss zwischen den beiden Leitungen kann man eindeutig bestimmen. In diesem Fall darf allerdings keine Durchgangsprüfung vorgenommen werden. (Durch eine Durchgangsprüfung könnten Steuergeräte zerstört werden, da man eine externe Spannung auf den Bus legt.) Das Multimeter bleibt also auf Spannungsmessung eingestellt. Nun wird aber nicht mehr gegen Masse gemessen, sondern von einer CAN-Leitung zur anderen. Das Multimeter zeigt zwischen 3 V und 4 V an. Sollte ein Schluss zwischen den Leitungen vorliegen, so dürfte es keine Differenz zwischen den Spannungen geben.

Schlussfolgerung: Aufgrund der Messergebnisse mit dem Multimeter und der Tatsache, dass ein Eindrahtfehler vorliegt, muss eine Unterbrechung einer CAN-Leitung vorliegen. Dabei ist nicht eindeutig zu klären, ob es sich um die CAN-L- oder die CAN-H-Leitung handelt.

4.3 Fehlerbestimmung mit dem Oszilloskop

Der Vorteil einer Messung mit dem Oszilloskop besteht darin, dass Fehler mit nur einer Messung eindeutig bestimmt werden können. Das Gerät betreibt man für die Messung am besten im Zweikanalbetrieb. Dadurch können die Spannungsverläufe auf der CAN-H- und der CAN-L-Leitung zeitgleich dargestellt werden. Die Messung kann auch mit Testern wie zum Beispiel einem aus der FSA-Reihe (Fahrzeugsys-

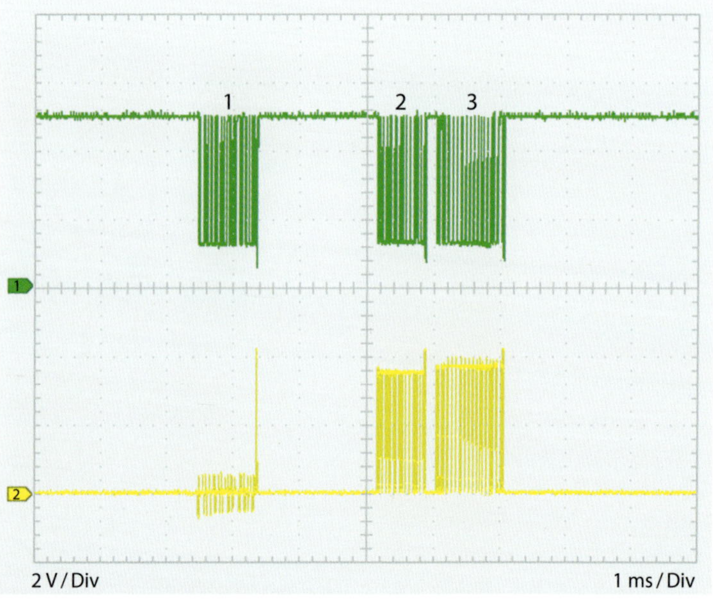

***Abbildung 35:* Messung mit dem Oszilloskop: Unterbrechung einer CAN-H-Leitung, Diagramm mit drei Botschaften.**

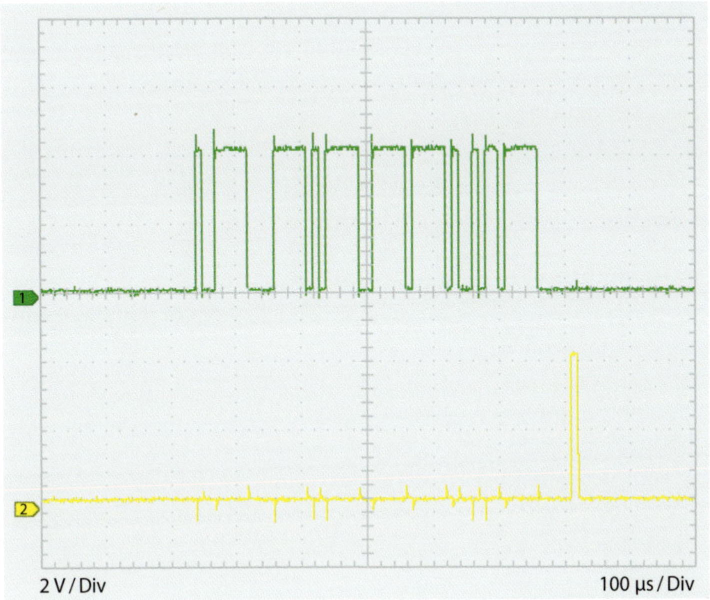

Abbildung 36: ***Oszilloskopbild vor und hinter der Unterbrechung.***

temanalyse mit digitalem Oszilloskop) von Bosch durchgeführt werden. In jedem Fall wird ein Messkabel an die eine CAN-Leitung, das zweite an die andere angeschlossen. Ein weiteres Kabel des Messgeräts muss mit der Fahrzeugmasse verbunden und das Gerät auf ‚DC' eingestellt werden.

Die Abbildung 35 zeigt das Oszilloskopbild im Zweikanalbetrieb. In der oberen Hälfte werden drei CAN-L-Botschaften dargestellt. Zeitgleich wurden in der unteren Hälfte die dazugehörigen CAN-H-Signale aufgenommen. In der linken Botschaft ist nur ein Ausschlag zu erkennen, die rechten Botschaften scheinen vollständig intakt zu sein. Der letzte dominante Ausschlag in einer Botschaft wird nicht vom ursprünglichen Sender gesendet, sondern von den Empfängern. Es handelt sich dabei um das Acknowledge-Signal. Da die Empfänger die Botschaft 1 über die CAN-L-Leitung empfangen und auswerten konnten, senden sie auf beiden Leitungen das ‚Acknowledge'.

Zum Steuergerät, welches die Botschaft 1 sendet, liegt eine Unterbrechung vor, deshalb sieht man die Botschaft nicht, sie wird aber vom Steuergerät trotzdem gesendet. Das Oszilloskop wurde vom Verbindungsknoten aus gesehen vor der Unterbrechung an die CAN-H-Leitung angeschlossen. Dort kann das ‚Acknowledge' der Empfänger gemessen werden. Hinter der Unterbrechung wäre das Signal des Steuergeräts messbar. Es fehlt am Ende allerdings das ‚Acknowledge'.

Obwohl der Sender über die unterbrochene Leitung keine Bestätigung erhält, wird er seine Botschaft nicht erneut senden, da er die Bestätigung über die CAN-L-Leitung erhält.

4.4 Fehlerlokalisierung

Obwohl jetzt eindeutig feststeht, dass eine Unterbrechung in einer CAN-Bus-Leitung vorliegt, muss dieser Fehler noch exakt lokalisiert werden. Aufgrund der Messungen kann er in jeder CAN-H-Leitung des Low-Speed-Busses liegen. Damit das Fahrzeug nicht komplett zerlegt werden muss, gilt es jetzt das Steuergerät, welches dem Fehler zuzuordnen ist, zu bestimmen. Anschließend kann der Kfz-Profi mithilfe des Stromlaufplans die Leitung zu diesem Steuergerät überprüfen. Der Trick dabei ist bei unterschiedlichen Strategien derselbe: Der Systemtester muss dazu gebracht werden, dass das entsprechende Steuergerät angezeigt wird. Dies wiederum wird er nur machen, wenn das Steuergerät für ihn nicht mehr erreichbar ist. Momentan kommuniziert der Tester über das Gateway und dem Low-Speed-Bus mit den angeschlossenen Steuergeräten.

Das Steuergerät Tür hinten links kann vom Tester nur über die CAN-L-Leitung erreicht werden. Alle anderen Steuergeräte kommunizieren über beide Leitungen mit dem Tester. Erzeugt man jetzt auf der CAN-L-Leitung einen Masseschluss, kann der Tester nur noch mit den Steuergeräten kommunizieren, die über eine intakte CAN-H-Leitung verfügen. Das Türsteuergerät ist für den Tester nicht mehr erreichbar. Liest man nun den Fehlerspeicher des Gateways aus, so wird dieses Steuergerät als nicht erreichbar angezeigt.

Die Unterbrechung muss nun noch genau abgegrenzt werden, denn der Fehler kann auch im Steuergerät selbst liegen oder in der Leitung. Am einfachsten ist es, den Stecker am Türsteuer-

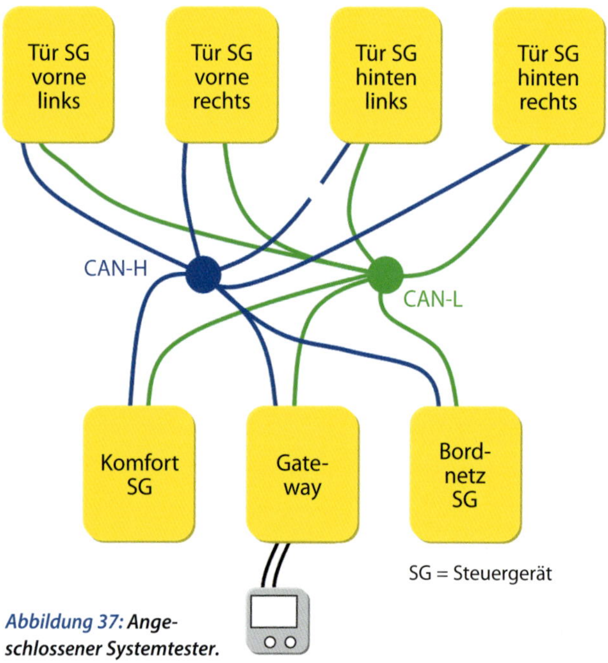

Abbildung 37: ***Angeschlossener Systemtester.***

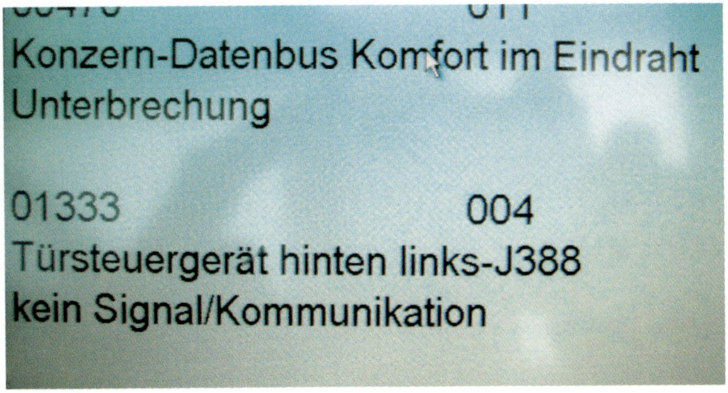

Abbildung 38: Türsteuergerät hinten links ist nicht erreichbar.

gerät abzuziehen und mit dem Oszilloskop eine Messung auf der CAN-H-Leitung durchzuführen. Sind dabei Signale messbar, so liegt der Fehler im Steuergerät. Werden an dieser Stelle keine CAN-Signale gemessen, ist die Leitung unterbrochen.

4.5 Fehler beheben

Ist das Steuergerät defekt, so muss es getauscht werden. Liegt der Fehler in der Leitung, kann man im Stromlaufplan nach Leitungsabschnitten suchen, um gegebenenfalls nur kleinere Abschnitte zu erneuern. Je nach Hersteller dürfen CAN-Leitungen auch repariert werden. Hierfür gibt es dann einen Reparatursatz mit Kabel, Quetschverbindungen und Crimpzange. Von einem Zusammenlöten der Leitungen ist abzusehen. In den meisten Fällen wird von den Herstellern sogar vorgeschrieben, das Leitungsstück komplett zu ersetzen. Dieses Vorgehen ist allgemein auch zu empfehlen.

4.6 Fehlerspeicher löschen

Spätestens nach der Reparatur beziehungsweise nach dem Tausch der Leitung oder des Steuergeräts muss der herbeigeführte Masseschluss entfernt werden. Da durch die Anwendung der Strategie und des ursprünglich vorhandenen Fehlers in allen am Low-Speed-Bus angeschlossenen Steuergeräten Fehler gesetzt werden, müssen die Fehlerspeicher dieser Steuergeräte gelöscht werden, bevor das Fahrzeug an den Kunden herausgegeben wird. Zur Sicherheit sollte man abschließend wenigstens den Fehlerspeicher des Gateways erneut auslesen.

4.7 Masseschluss einer CAN-Leitung am Beispiel eines Audi A8

Ist es bei einer Leitungsunterbrechung noch möglich, den Fehler zu lokalisieren, ohne dabei die CAN-Verbindungsknoten freizulegen, funktioniert dies bei einem der anderen ISO-Fehler nicht mehr. Sind diese Knoten also schwer oder gar nicht erreichbar, wird die Fehlersuche zum Glücksspiel. Audi hat dem Problem vorgebeugt und an den Modellen A5, A6 und A8 sogenannte ‚CAN-Trennstecker' rechts und links vom Armaturenbrett angebracht. Beim A4 wurden anstatt der Trennstecker an dieselben Stellen die zusammengecrimpten CAN-Leitungsenden gelegt. Diese Trennstecker und Leitungsenden bilden jeweils einen Verbindungsknoten sowohl für den High-Speed- als auch für den Low-Speed-Bus. Liegt ein Masseschluss auf einer Leitung im Low-Speed-Bus vor, wirkt sich dieser im gesamten System aus. Der Low-Speed-Bus geht in den Eindrahtbetrieb. Der Masseschluss wird von einem Systemtester wie zum Beispiel dem KTS 650 von Bosch als Eindrahtfehler erkannt und mit dem Zusatz „Kurzschluss nach Masse" näher beschrieben.

Im Audi A8 ist der Komfortbus anders aufgebaut, als zum Beispiel im Touran. Da bei diesem Modell wesentlich mehr Steuergeräte am Low-Speed-Bus angeschlossen sind, gibt es sowohl für CAN-H als auch für CAN-L jeweils zwei Verbindungsknoten. Diese bilden rechts und links vom Armaturenbrett jeweils einen Sternpunkt. Die Sternpunkte sind zusätzlich mit einer CAN-Leitung miteinander verbunden.

Da diese Sternpunkte aus einem Trennstecker bestehen, benötigt man zum Messen an den Punkten einen Messadapter. Audi hat hierfür eigens den CAN-Trennadapter VAG 1598/38 entworfen, mit dem sich nicht nur Messungen auf dem CAN-Bus durchführen lassen, man kann mit ihm auch einzelne Leitungen vom Verbindungsknoten entfernen.

Bevor dieser Adapter anstelle des Trennsteckers eingesteckt wird, muss zwingend die Zündung am Fahrzeug aus-

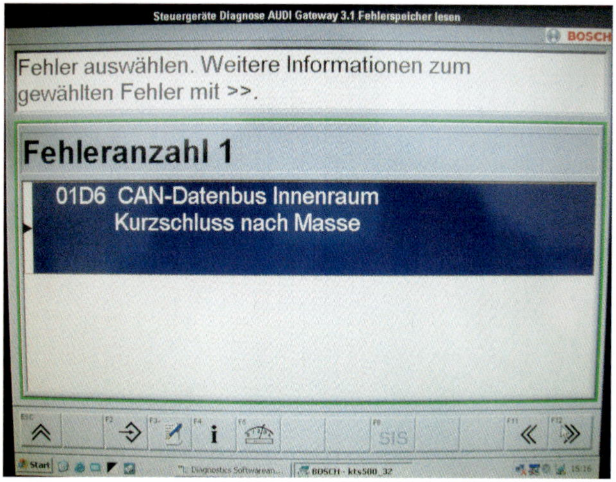

Abbildung 39: Fehlermeldung des KTS 650.

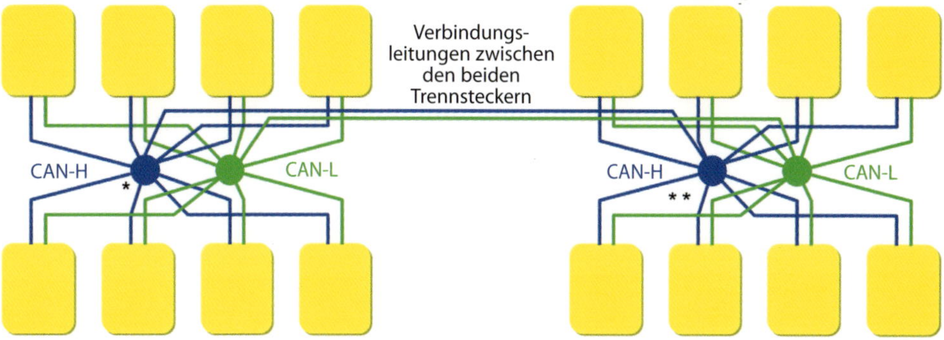

*Abbildung 40: Topologie des Low-Speed-Busses im Audi A8, * Trennstecker links, ** Trennstecker rechts.*

geschaltet werden. Anschließend kann der Trennstecker entfernt und an seiner Stelle der Stecker des Adapters eingesteckt werden. Der Trennstecker wird in die Buchse des Adapters gesteckt. Somit ist der Verbindungsknoten wieder hergestellt. Erst jetzt darf die Zündung wieder eingeschaltet werden. Zur Fehlerbestimmung lassen sich nun am Adapter die Spannungen der CAN-Leitungen für den High-Speed- und den Low-Speed-Bus messen.

Die Messungen können wieder mit einem Multimeter oder mit einem Oszilloskop durchgeführt werden. Bei einem Multimeter kann direkt an der Adapterbox gemessen werden. Das Massekabel des Messgeräts muss dabei mit einem Massepunkt am Fahrzeug verbunden sein. (Obwohl sich auf dem Trennadapter ein Massezeichen befindet, ist dieser nicht mit der Fahrzeugmasse verbunden.) Sobald die Verbindung hergestellt wurde, kann der Massepunkt des Trennadapters verwendet werden. Zur Verbindung der Massepunkte muss im Fahrzeug ein vorgegebener Punkt gesucht werden, da

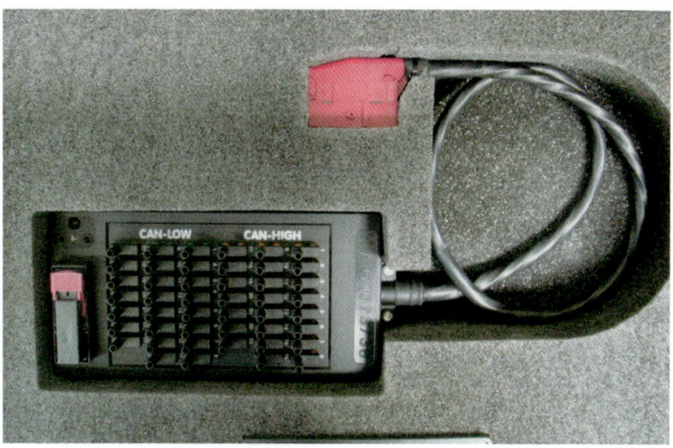

Abbildung 41: CAN-Trennadapter V.A.G 1598/38.

die Karosserie am A8 nicht durchgängig als Fahrzeugmasse betrachtet werden kann. Zur Verbindung des Messadapters mit der Fahrzeugmasse wählt man am besten den Massepunkt im Fußraum der Fahrer- beziehungsweise Beifahrerseite. Nun kann die Spannungsmessung durchgeführt werden.

Bei einem Masseschluss einer Leitung muss das Multimeter bei der Spannungsmessung von einer CAN-Leitung gegen Masse 0 V anzeigen. Auf der anderen Leitung wird ein Wert um 1 V (CAN-H-Leitung) beziehungsweise um 4 V (CAN-L-Leitung) gemessen. In diesem Beispiel wird 0 V auf der CAN-L-Leitung gemessen. Es liegt somit ein Masseschluss der CAN-L-Leitung vor.

Auch für die Messung mit einem Oszilloskop muss der Trennadapter zuerst mit der Fahrzeugmasse verbunden werden. Anschließend kann das Oszilloskop im Zweikanalbetrieb die Verläufe der CAN-H- und der CAN-L-Spannungen aufnehmen.

Das Oszilloskopbild zeigt auf der CAN-H-Leitung CAN-H-Botschaften. Auf der anderen Leitung wird dauerhaft 0 V angezeigt. Somit wird auch mit dieser Messung der Masseschluss eindeutig bestimmt.

Schritt für Schritt

Zur Lokalisierung des Fehlers bei einem Masseschluss muss die Strategie gegenüber der vorher beschriebenen Herangehensweise bei einer Leitungsunter-

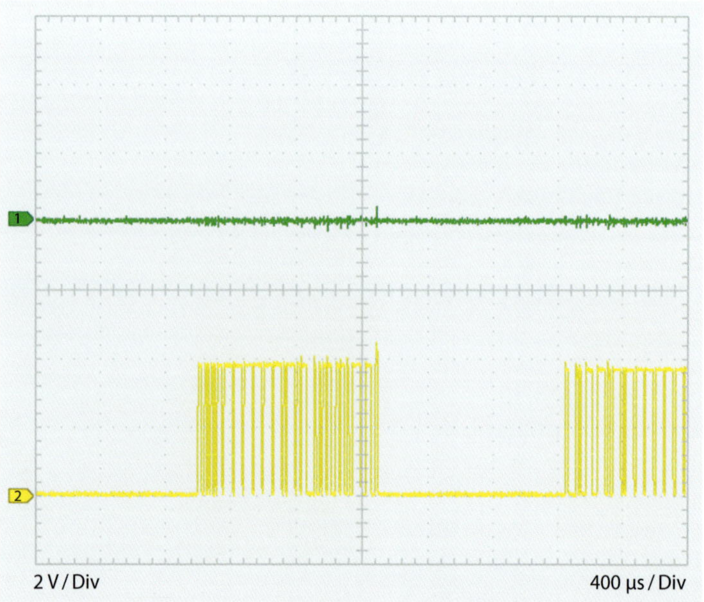

Abbildung 42:
Masseschluss einer CAN-L-Leitung.

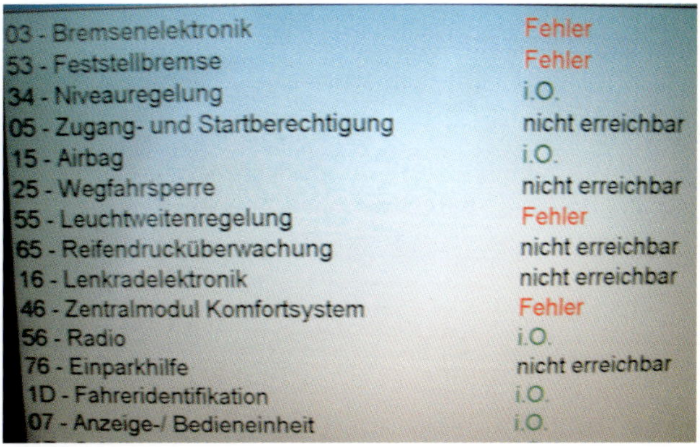

Abbildung 43: ***Mehrere Steuergeräte ohne Kommunikation – der Fehler liegt auf der anderen Fahrzeugseite (Anzeige der Gateway-Verbauliste im VAS 5052).***

brechung etwas abgeändert werden. Ziel ist es wieder, den Tester dazu zu bringen, dass das Steuergerät angezeigt wird, zu welchem die fehlerhafte Leitung führt, beziehungsweise welches den Fehler verursacht.

Steht kein Trennstecker wie am Audi A8 zur Verfügung, sondern besteht der Knoten aus zusammengecrimpten Leitungsenden, so muss dieser aufgeschnitten und später wieder zusammengeführt werden. Über den Trennadapter können allerdings Leitungen einfach vom Verbindungsknoten entfernt werden. Der Adapter wird zuerst auf der einen Seite – zum Beispiel auf der Fahrerseite – eingesetzt. Während die Spannung auf der CAN-L-Leitung dauerhaft gemessen wird, werden nun einzelne Leitungen durch Ziehen der Verbindungsbrücken vom Knoten entfernt. Ist wieder ein CAN-L-Signal messbar, wurde das richtige Steuergerät vom Knoten entfernt. Ist weiterhin kein CAN-L-Signal messbar, wird die gezogene Verbindungsbrücke wieder zurück gesteckt und eine neue Brücke gezogen. Sobald wieder ein CAN-Signal auf der CAN-L-Leitung gemessen wird, legt man den CAN-H-Verbindungsknoten auf Masse. Durch diesen Masseschluss können sämtliche Steuergeräte im Low-Speed-Bus nur noch über die CAN-L-Leitungen kommunizieren. Lediglich das abgezogene Steuergerät hat keine Verbindung mehr zum Knoten und somit zu den anderen Steuergeräten. Es wird nun im Tester explizit ohne Kommunikation angezeigt.

Da es im Audi A8 zwei Verbindungsknoten für den Low-Speed-Bus gibt, kann es vorkommen, dass sich der Fehler zum Beispiel auf der Beifahrerseite befindet. Wird nun auf der Fahrerseite wieder ein CAN-L-Signal gemessen, so hat man nicht die Verbindung zu einem Steuergerät sondern die Verbindungsleitung zum Trennstecker auf der Beifahrerseite gezogen. Wird in diesem Fall der CAN-H-Verbindungsknoten auf Masse gelegt und der Fehlerspeicher des Gateways mit dem Systemtester ausgelesen, werden diesmal sehr viele Steuergeräte ohne Kommunikation angezeigt.

Die Messung mit dem Trennadapter muss nun auch auf der Beifahrerseite durchgeführt werden. Ist auf dieser Seite

Abbildung 44:
Plusschluss der CAN-L-Leitung mit 12 V.

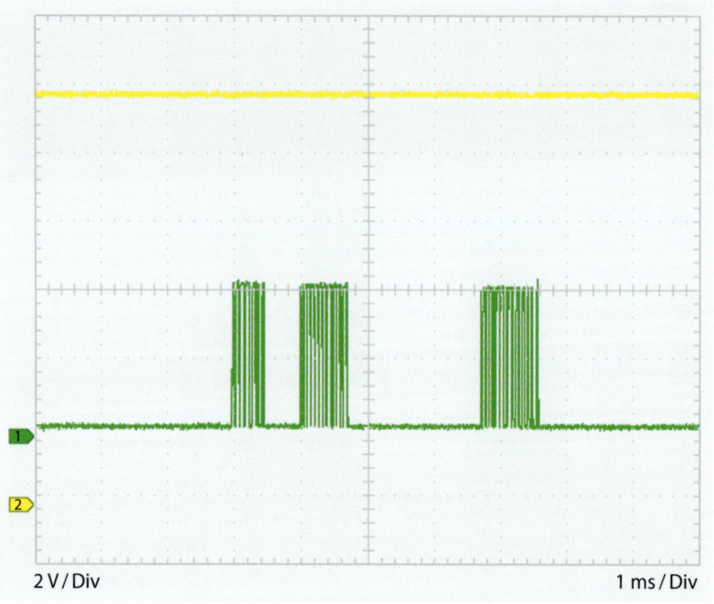

wieder ein CAN-L-Signal messbar, wird auch hier wieder der CAN-H-Verbindungsknoten auf Masse gelegt. Nun sollte der Systemtester nur ein Steuergerät anzeigen, welches keine Kommunikation hat. Werden trotzdem wieder mehrere Steuergeräte ohne Kommunikation angezeigt, befindet sich der Fehler auf der Verbindungsleitung zwischen den beiden Verbindungsknoten. Wird nur ein Steuergerät angezeigt, fügt man die gezogene Brücke wieder hinzu und entfernt den Masseschluss von der CAN-H-Leitung. Anschließend wird das vorher angezeigte Steuergerät freigelegt. Kann man nach dem Abziehen des Steuergerätesteckers auf dem Verbindungsknoten wieder ein CAN-L-Signal messen, verursacht das Steuergerät den Fehler und muss getauscht werden. Ist keine Spannung auf CAN-L messbar, liegt ein Masseschluss der CAN-L-Leitung zu dem angezeigten Steuergerät vor. Nach der Instandsetzung des Fehlers müssen die Fehlerspeicher der am Low-Speed-Bus angeschlossenen Steuergeräte gelöscht werden. (Durch das Abziehen der einzelnen Leitungen vom Knoten hat jedes Steuergerät einen Eindrahtfehler produziert.) Nach dem erneuten Auslesen des Fehlerspeichers im Gateway kann das Fahrzeug an den Kunden herausgegeben werden.

4.8 Plusschluss einer CAN-Leitung am Beispiel eines Audi A8

Auch bei einem Plusschluss einer CAN-Leitung wird ein Fahrzeugsystemtester die Fehlermeldung geben, dass sich der Komfortbus im Eindrahtbetrieb befindet. Eventuell fügt das Gerät noch den Hinweis hinzu, dass es sich um einen elektrischen Fehler im Stromkreis handelt. Um diesen Fehler genau bestimmen zu können, wird wieder der Trennadapter V.A.G 1598/38 eingesetzt. Mithilfe des Geräts werden an den Verbindungsknoten des Low-Speed-Busses die Spannungen gegenüber Masse gemessen. Als Plusschluss können zwei unterschiedliche Spannungswerte erwartet werden. Zum einen natürlich die Bordnetzspannung von circa 12 V. Zum anderen allerdings auch eine Spannung, die bei ungefähren 5 V liegt. Dieser Wert ergibt sich daraus, dass die meisten Steuergeräte intern mit 5 V arbeiten. Somit liegt auch dann ein Plusschluss vor, wenn auf einer Leitung dauerhaft 5 V anliegen. Ist dies bei der CAN-L-Leitung der Fall, so lässt sich dieser Fehler mit einem Multimeter nicht eindeutig bestimmen, da die Spannung dort im Normalfall etwas unter 5 V liegt. Somit ist es wesentlich sicherer, eine Messung mit einem Oszilloskop wie zum Beispiel dem im FSA 740 von Bosch oder dem im Mega-Macs 55 von Gutmann durchzuführen.

Wurde der Fehler eindeutig bestimmt, kann genau dieselbe Strategie wie bei einem Masseschluss angewendet werden, wobei darauf zu achten ist, dass nicht aus Versehen die mit dem Plusschluss versehene Leitung auf Masse gelegt wird.

4.9 Kurzschluss zwischen CAN-H und CAN-L am Beispiel einer Mercedes C-Klasse ‚W203'

Daimler verfolgt ein gänzlich anderes Konzept als Audi oder Volkswagen. Hier gibt es anstelle der gecrimpten Leitungs-

Abbildung 45: Daimler: Potenzialverteiler im Fahrzeug.

enden beziehungsweise der Trennstecker sogenannte Potenzialverteiler.

Auf diesen Verteilern ist jeweils eine Schiene für CAN-L und eine für CAN-H angebracht. An den Enden der CAN-Leitungen, die von den Steuergeräten zu diesen Verteilern geführt werden, befinden sich kleine Stecker. In jedem dieser zweipoligen Stecker findet man die CAN-H- und die CAN-L-Leitung vor. Das Stecksystem der Potenzialverteiler ist so gestaltet, dass die Stecker zwar an jeden beliebigen Platz gesteckt werden können, allerdings ist die Ausrichtung eines Steckers immer gleich, sodass nicht aus Versehen eine CAN-L-Leitung auf eine CAN-H-Schiene gesteckt werden kann.

Mercedes-Fahrzeuge werden in der Regel mit der ‚Stardiagnose' ausgelesen. Führt man mit dieser einen sogenannten Kurztest durch, werden im Low-Speed-Bereich, der bei Mercedes ‚Innenraum-CAN' genannt wird, Eindrahtfehler erkannt. Auch der Mercedestester weist nur einen Eindrahtfehler aus und kann nicht näher spezifizieren, um welchen es sich handelt.

Sollte keine Stardiagnose zur Verfügung stehen, bietet es sich an, den Fehlerspeicher des Gateways auszulesen. Das Gateway, bei Mercedes auch zentrales Gateway genannt, befindet sich bei diesem Modell im ‚elektronischen Zündschloss'. Auch dabei kann man lediglich den Hinweis bekommen, dass ein Eindrahtfehler vorliegt. Bei manchen Modellen kommt es vor, dass zur Anzeige des Fehlers eine CAN-Prüfung vorgenommen werden muss. Ein Eindrahtfehler wird hier nicht direkt im Gateway hinterlegt.

Innenraum-CAN

Die Messungen am Innenraum-CAN führt man am einfachsten an den Potenzialverteilern durch. Im Low-Speed-Bus werden

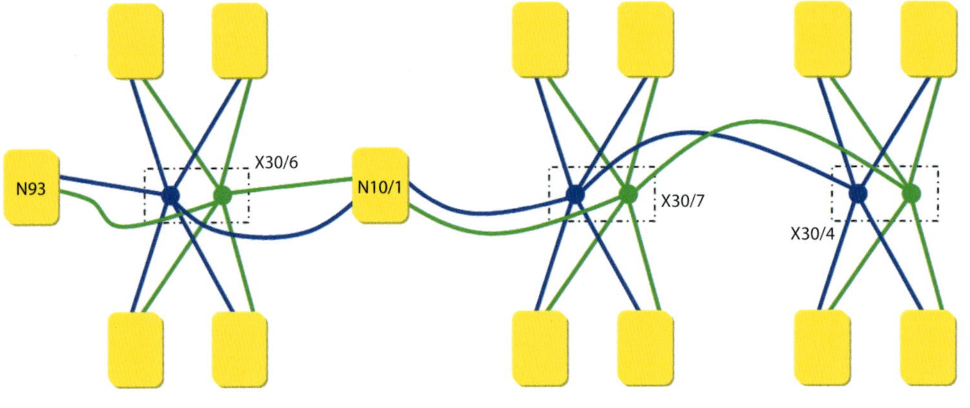

Abbildung 46: Vernetzungsplan im ‚W203'.

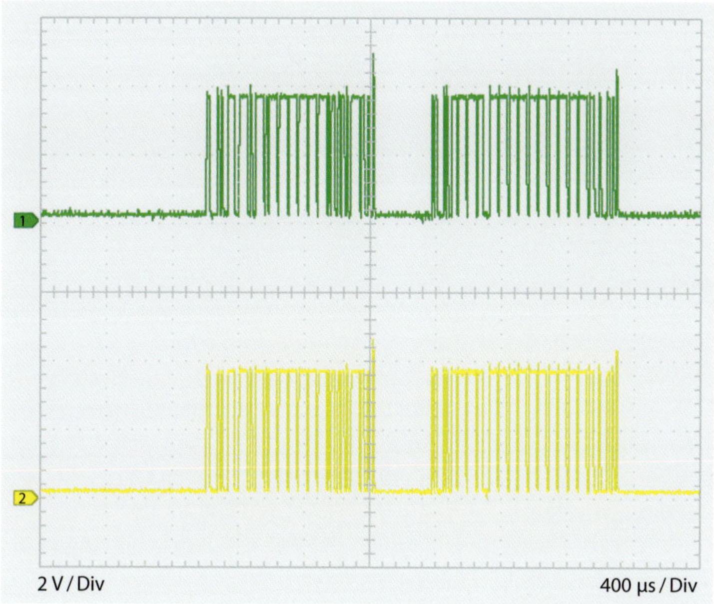

Abbildung 47:
Kurzschluss zwischen CAN-H und CAN-L.

für die C-Klasse drei Potenzialverteiler verwendet.

Einer dieser Potenzialverteiler befindet sich im Schweller der Fahrerseite, einer unter dem Lenkrad und ein dritter im Schweller der Beifahrerseite. Die Potenzialverteiler sind alle miteinander verbunden, wobei eine Verbindung über ein Steuergerät erfolgt. Trotzdem macht sich ein Fehler im System auf allen drei Verteilern bemerkbar. Sobald man die Schutzkappe eines Verteilers abgezogen hat, kann man direkt auf den Potenzialschienen CAN-H beziehungsweise CAN-L Signale messen.

Multimeter

Möchte der Kfz-Profi den Fehler mit dem Multimeter bestimmen, fällt bei der Messung der CAN-H- und CAN-L-Spannung auf, dass beide annähernd denselben Wert haben. Um ganz sicher zu gehen, misst man die Spannung zwischen CAN-H und CAN-L. Ist diese 0 V, dann liegt ein Kurzschluss zwischen den beiden CAN-Leitungen vor.

Oszilloskop

Bei der Oszilloskopmessung nimmt man wieder im Zweikanalbetrieb die Spannungen zeitgleich auf. Auf beiden Kanälen wird jetzt das CAN-H-Signal dargestellt.

Ein Kurzschluss zwischen zwei CAN-Leitungen ist als Eindrahtfehler normiert. Das bedeutet, dass auf mindestens einer Leitung CAN-Signale übertragen werden müssen. Hierbei hat man sich auf das CAN-H-Signal geeinigt. Das bedeutet, dass die Steuergeräte so konzipiert sind, dass bei einem Kurzschluss zwischen den CAN-Leitungen auf beiden das CAN-H-Signal übertragen wird. Auch bei diesem Eindrahtfehler wird zur Auswertung nicht das Differenzsignal gebildet.

Auf Masse gelegt

Am einfachsten lässt sich ein Kurzschluss lokalisieren, indem man an einem Potenzialverteiler einen Verbindungsknoten, CAN-H oder CAN-L auf Masse legt. Durch diesen Masseschluss ist vorerst überhaupt kein Steuergerät mehr in der Lage, Botschaften auf den Bus zu senden. Der gesamte Innenraum-CAN ist somit lahmgelegt. Nun fängt man an einem Potenzialverteiler an, einzelne Stecker vom Verteiler zu ziehen. Gleichzeitig misst man die Spannung auf der Potenzialschiene des Verteilers, auf der nicht der Masseschluss erzeugt wurde. Ist eine Spannung messbar, hat man den richtigen Stecker abgezogen. Misst man weiterhin nur 0 V, muss der Stecker wieder auf den Verteiler gesteckt werden. Da es vorkommen kann, dass das System abstürzt, wenn zu wenige Steuergeräte angeschlossen sind, muss der Stecker unbedingt wieder zum Verteiler zurückgesteckt werden.

Anschließend wird ein anderer Stecker gezogen. Dies führt man so lange durch, bis eine Spannung messbar ist. Sollte dies bei keinem der gezogenen Stecker vorkommen, wird sich der Kurzschluss auf dem Potenzialverteiler befinden, welcher somit getauscht werden muss.

Ist nach dem Abziehen eines Steckers wieder ein Signal messbar, muss noch festgestellt werden, ob es sich bei dem gezogenen Stecker um ein Steuergerät handelt oder ob ein Verbindungsstecker zu einem anderen Potenzialverteiler gezogen wurde. Dafür wird einfach eine Messung am anderen Verteiler durchgeführt. Ist ein Signal messbar, hatte man am ersten Verteiler den Stecker mit den Leitungen gezogen, die den Fehler verursachen. Ist kein Signal messbar, so befindet sich der Fehler an einem anderen Potenzialverteiler und man führt die Strategie am nächsten Verteiler fort. Sobald durch Abziehen des richtigen Steckers eindeutig bestimmt wurde, wo sich der Fehler befindet, muss nun noch festgestellt werden, welches Steuergerät zu dem Stecker gehört. Da die Stecker weder nummeriert noch farblich so gekennzeichnet sind, dass man dieses aus einem Stromlaufplan entnehmen könnte, wird der Fehlerspeicher im Gateway ausgelesen beziehungsweise eine CAN-Prüfung mit dem Tester durchgeführt. Dabei wird wieder ein Steuergerät angezeigt, das keine Kommunikation aufweist. Das Steuergerät wird nun freigelegt. Anschließend steckt man den abgezogenen CAN-Stecker wieder auf den Potenzialverteiler und zieht den Stecker am

Steuergerät ab. Sollten bei einer Messung auf einem Potenzialverteiler CAN-Signale messbar sein, ist das Steuergerät defekt. Sind keine Signale messbar, muss sich der Fehler auf den Leitungen vom Potenzialverteiler zum Steuergerät befinden. Sobald die Leitungen instand gesetzt beziehungsweise das Steuergerät getauscht wurde, muss noch der Masseschluss am ersten Potenzialverteiler entfernt werden. Abschließend werden wieder sämtliche Fehlerspeicher im Innenraum-CAN gelöscht und der Fehlerspeicher des Gateways erneut ausgelesen, beziehungsweise ein Kurztest mit der Stardiagnose durchgeführt.

4.10 Kurzschluss zwischen CAN-H und CAN-L am Beispiel eines VW Touran

Nicht ganz so komfortabel lässt sich ein Kurzschluss zwischen CAN-H und CAN-L am Volkswagen Touran oder Golf V lokalisieren. Befindet sich die Fehlerstelle zwischen dem Gateway und den Verbindungsknoten, ergeben sich Messergebnisse, die erst mal richtig gedeutet werden müssen. Das erste Problem eines Eindrahtfehlers in diesen Fahrzeugen besteht darin, die CAN-Verbindungsknoten frei zu legen. Sobald dies geschehen ist, können die Messungen direkt an den Knoten durchgeführt werden. Die Fehlerbestimmung (nachdem der Tester einen Eindrahtfehler gemeldet hat) erfolgt durch Messen der CAN-Signale, am besten mit einem Oszilloskop. Auch dabei wird sowohl auf der CAN-H- als auch auf der CAN-L-Leitung ein CAN-H-Signal dargestellt. Mit dem Multimeter lässt sich der Fehler eindeutig bestimmen, indem die Spannung zwischen CAN-H und CAN-L gemessen wird. Bei einem Kurzschluss zwischen den beiden Leitungen wird 0 V gemessen.

Um Ergebnisse geliefert zu bekommen, ist es an den Verbindungsknoten auch möglich, einzelne Steuergeräte vom Knoten zu trennen. Bei einem Kurzschluss zwischen den CAN-Leitungen ist es ausreichend, wenn nur ein Knoten geöffnet wird. Obwohl der Hersteller das Öffnen der Verbindungsknoten untersagt, gibt es dazu keine sinnvolle Alternative. Nach Vorgabe müsste jedes Kabel, welches vom Knoten genommen werden soll, in einem Abstand von mindestens 10 cm von einer Trennstelle abgetrennt werden. Bei dem vierten Kabel, welches vom Verbindungs-

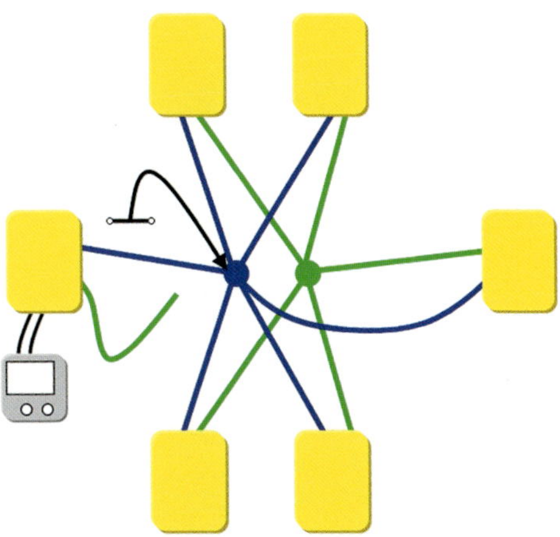

Abbildung 48: *Vernetzungsplan mit Tester und abgezogener Leitung.*

knoten entfernt wird, befände man sich schon 40 cm entlang des Kabelbaums.

Entsprechend der bei der C-Klasse durchgeführten Strategie wird nun der Verbindungsknoten, der nicht geöffnet werden soll, auf Masse gelegt. Anschließend wird der andere Knoten so geöffnet, dass einzelne Leitungen von ihm entfernt werden können. Gleichzeitig wird auf diesem Verbindungsknoten die Spannung gemessen. Bekommt man einen positiven Messwert, so wurde die richtige Leitung vom Knoten genommen. Ist keine Spannung messbar, muss die Leitung wieder zum Verbindungsknoten hinzugefügt und eine neue Leitung vom Knoten getrennt werden. Dies wird so lange durchgeführt, bis auf dem Verbindungsknoten wieder ein CAN-Signal vorhanden ist. Da der andere Knoten auf Masse gelegt wurde, können die Steuergeräte im Komfortbus nun nur noch über den Knoten miteinander kommunizieren, von dem die Leitung entfernt wurde. Nun müsste der Tester eigentlich ein Steuergerät anzeigen, zu dem keine Kommunikation möglich ist. Beim Auslesen des Fehlerspeichers im Gateway werden allerdings plötzlich viele Steuergeräte angezeigt, zu denen keine Verbindung möglich ist. Fügt man dem Vernetzungsplan des Low-Speed-Busses im Touran den Fahrzeugsystemtester hinzu, so wird deutlich, warum der Tester keine Kommunikation mehr mit den anderen Steuergeräten aufbauen kann, obwohl CAN-Signale auf dem Verbindungsknoten messbar sind.

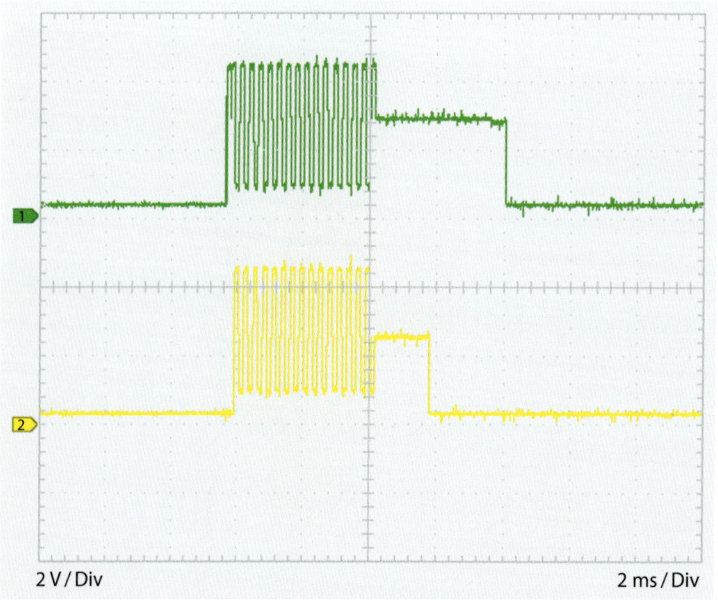

***Abbildung 49:* CAN-H- und CAN-L-Leitungen wurden vertauscht.**

Der Fehler muss sich auf den Low-Speed-CAN-Leitungen des Gateways zum Verbindungsknoten des Busses befinden – beziehungsweise im Gateway selbst. Um nun festzustellen, worin die Fehlerursache liegt, wird die abgenommene Leitung wieder zum Knoten hinzugefügt und der erzeugte Masseschluss am anderen Knoten entfernt. Anschließend zieht man den Steuergerätestecker am Gateway ab und misst die CAN-Signale auf den beiden Verbindungsknoten. Ist wieder ein CAN-L-Signal messbar, verursacht das Gateway den Fehler. Wird weiterhin der Kurzschluss messtechnisch bestimmt, müssen die CAN-Leitungen zwischen dem Gateway und den Verbindungsknoten instand gesetzt werden.

4.11 Vertauschen der CAN-Leitungen

Ein nicht genormter aber doch zuweilen vorkommender Fehler wird durch ein Vertauschen der CAN-Leitungen hervorgerufen. Dieser Fehler tritt dort auf, wo Reparaturen oder Nachrüstungen im System vorgenommen wurden. Und da der Fehler nicht in einer CAN-Spezifikation festgeschrieben wurde, reagieren die Systeme unterschiedlicher Hersteller auch nicht zwingend voraussehbar. In der Regel wird das Steuergerät, in dessen CAN-Leitungen die Vertauschung vorgekommen ist, im System nicht mehr erreichbar sein. Wird das Fahrzeug mit dem Systemtester ausgelesen, zeigt dieser ein Steuergerät ohne Kommunikation an. Bevor die Leitungen und das Steuergerät frei gelegt werden, empfiehlt es sich, den Spannungsverlauf auf den Verbindungsknoten mit einem Oszilloskop aufzunehmen. Mit einem Multimeter lässt sich dieser Fehler nicht darstellen. Abhängig davon, wie viele Teilnehmer an dem Bus angeschlossen wurden, beeinflusst ein Vertauschen der Leitungen die Botschaften auf dem Bus. Je mehr Steuergeräte an dem Bus angeschlossen wurden, desto weniger macht sich dieser Fehler in den Spannungsverläufen auf den Knoten bemerkbar.

Nachdem durch die Signalaufnahme eindeutig festgestellt wurde, dass eine Leitungsvertauschung vorliegt, muss diese lokalisiert werden. Da dieser Fehler nur durch Veränderungen am System entstehen kann, ist es hilfreich zu wissen, an welcher Stelle Reparaturen oder Nachrüstungen vorgenommen wurden. Der Fehler sollte sich in einer Steckverbindung oder einer Leitungsreparaturstelle befinden. Nach dem Beheben des Fehlers müssen auch in diesem Fall wieder die Fehlerspeicher der angeschlossenen Steuergeräte gelöscht werden.

5. Fehlerdiagnose im High-Speed-Bus

Als High-Speed-Bus wird ein CAN-Bus mit einer Datenübertragungsrate ab 125 kBit/s bis zu 1 MBit/s bezeichnet. Die Spannungspegel sind hier komplett anders als im Low-Speed-Bus. Am deutlichsten macht sich dies im rezessiven Pegel bemerkbar, der sowohl für CAN-H als auch für CAN-L bei 2,5 V liegt. Der dominante Spannungsunterschied liegt bei ungefähr 1 V, sodass die dominante Spannung auf CAN-H bei ungefähren 3,5 V und die auf CAN-L bei ungefähren 1,5 V liegt.

Da im High-Speed-Bus die Daten mit einer deutlich höheren Geschwindigkeit übertragen werden, könnte es auf den Leitungen zu Reflexionen und somit zu Überlagerungen einzelner Signale kommen. Um diese Fehlerquelle auszuschließen, muss der Bus mit Widerständen abgeschlossen werden. Diese Abschlusswiderstände werden idealerweise an den am weitesten entfernten Enden im System angebracht.

Je nach Hersteller werden die Widerstände entweder in den Verbindungsknoten, in einem Steuergerät oder auch in beiden untergebracht.

Aufgrund der Leitungseigenschaften sowie der Übertragungsgeschwindigkeiten im High-Speed-Bus wird als Abschlusswiderstand ein Gesamtwiderstand von 60 Ω gewählt. Werden zwei Abschlusswiderstände verwendet, so haben beide einen Wert von 120 Ω, da die im Bus angeschlossenen Verteilungspunkte und Steuergeräte alle parallel zueinander geschaltet sind. In einigen Systemen wird nur ein Widerstand verwendet. Dieser 60 Ω große Widerstand wird dann im CAN-Verteilerknoten untergebracht. Bei Audi und VW befindet sich in den meisten Steuergeräten ein relativ hoher Widerstand zwischen 2 kΩ und 3 kΩ sowie im Motorsteuergerät ein Widerstand von circa 68 Ω. Da alle Widerstände parallel geschaltet sind, ergibt sich auch hier ein Gesamtwiderstand von rund 60 Ω. Bei Mercedes wird in der Regel ein 120 Ω Wider-

Abbildung 50: Zwei Abschlusswiderstände an den Enden eines High-Speed-Busses.

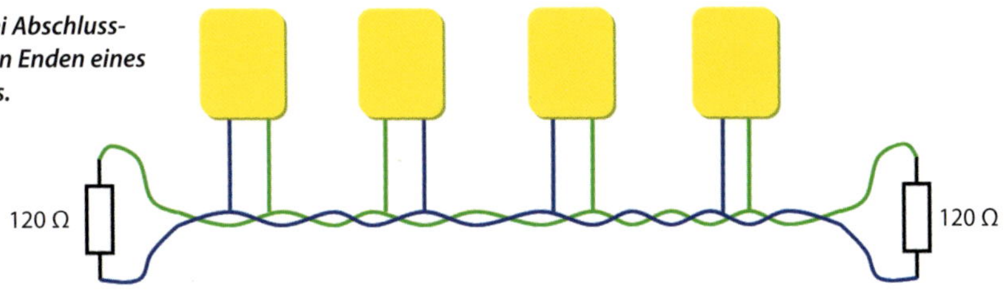

Abbildung 51:
Abschlusswiderstände im Verteilerknoten und in einem Steuergerät.

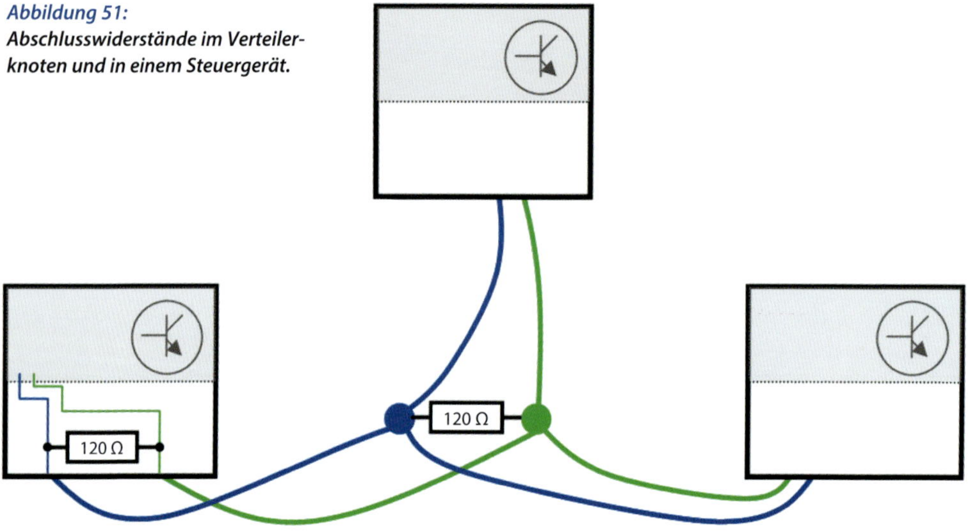

stand im Motorsteuergerät und ein 120 Ω Widerstand im CAN-Potenzialverteiler untergebracht. In der aktuellen C-Klasse wird auch im Innenraum der High-Speed-Bus verwendet, um Daten im Komfortbereich zu übertragen. Allerdings arbeitet dieser Bus dort mit einer Übertragungsgeschwindigkeit von 125 kBit/s. In diesem Beispiel wird vom Hersteller nur ein Widerstand von 60 Ω im Potenzialverteiler angeordnet.

5.1 Defekter Abschlusswiderstand

Dadurch, dass die Abschlusswiderstände zwischen den beiden CAN-Leitungen CAN-H und CAN-L liegen, kann der High-Speed-Bus nicht im Eindrahtbetrieb arbeiten. Sollte eine Leitung zum Beispiel auf Masse liegen, sorgt der relativ geringe Abschlusswiderstand dafür, dass auch die zweite CAN-Leitung nahezu auf Masse gezogen wird. Bei einer Unterbrechung einer CAN-Leitung fällt das betroffene Steuergerät komplett aus. Bei einem Plusschluss und auch bei einem Schluss zwischen den beiden CAN-Leitungen arbeitet das System nicht mehr. Eine Ausnahme bildet der Masseschluss auf der CAN-L-Leitung. Je nach Hersteller können in diesem Fall Daten über den Bus gesendet und empfangen werden. Da die Steuergeräte diesen Zustand erkennen, arbeitet das System nur noch im Notlauf. Zusätzlich zu den genormten sieben ISO-Fehlern, die im Low-Speed-Bus vorkommen können, wird im High-Speed-Bus ein weiterer Fehler definiert, ein fehlender beziehungsweise defekter Abschlusswiderstand.

5.2 Unterbrechung einer CAN-Leitung

Im Gegensatz zum Low-Speed-Bus wird eine Unterbrechung in einer CAN-Leitung in den meisten Fällen direkt vom Systemtester angezeigt, da das betroffene Steuergerät nicht mehr im System kommunizieren kann und somit als fehlend erkannt wird. Sollte dies nicht der Fall sein, lässt sich der Fehler messtechnisch nur mit einem Oszilloskop darstellen. In diesem Fall werden auf einer Leitung fehlende Diagramme angezeigt, eventuell noch mit einem Acknowledge-Signal. Sollte das Steuergerät, bei dem die Unterbrechung vorliegt, nicht direkt im Systemtester angezeigt werden, müssen auch hier nacheinander die Steuergeräte vom Verbindungsknoten genommen und dabei das Oszilloskopbild beobachtet werden. Weil der High-Speed-Bus in der Regel nicht eindrahtfähig ist, müssen unbedingt immer die zusammengehörigen CAN-H- und CAN-L-Leitung eines Steuergeräts entfernt werden. Wird jetzt die fehlende Botschaft mit dem Acknowledge-Signal nicht mehr angezeigt, wurde das richtige Steuergerät vom Knoten genommen. Da beide CAN-Leitungen dieses Steuergeräts entfernt wurden, wird es im Systemtester als fehlend angezeigt. Der Fehler liegt nun in der Leitung beziehungsweise im Steuergerät selbst. Um dies mit Sicherheit feststellen zu können, muss der Verbindungsstecker am Steuergerät abgenommen werden. Anschließend können die CAN-Leitungen entweder auf Durchgang geprüft werden, oder man schließt die CAN-Leitungen wieder an den Verbindungsknoten an und misst auf den CAN-Leitungen im Steuergerätestecker die Signalspannung. Ist auf beiden Leitungen eine Spannung messbar, liegt der Fehler im Steuergerät – wird auf einer Leitung keine Spannung gemessen, ist diese Leitung unterbrochen.

5.3 Masseschluss einer CAN-Leitung

Liegt im High-Speed-Bus ein Masseschluss einer CAN-Leitung vor, wird der Bus bestenfalls noch im Notlauf arbeiten. Dies geschieht – wenn überhaupt – nur bei einem Schluss der CAN-L-Leitung gegen Masse. Sollte die CAN-H-Leitung ausfallen, findet in der Regel keine Kommunikation mehr auf dem Bus statt. Dieser Fehler lässt sich mit einem Multimeter eindeutig bestimmen. Bei einer Messung der Signalspannung gegen Masse ist auf einer Leitung 0 V und auf der anderen Leitung eine etwas höhere Spannung zwischen 0 V und 1 V messbar. In einem fehlerfreien System misst man auf der CAN-H-Leitung eine Spannung, die etwas größer als 2,5 V ist und auf der CAN-L-Leitung eine Spannung, die etwas kleiner als 2,5 V ist. Da der High-Speed-Bus mit Widerständen abgeschlossen wird, lässt sich der Fehler auch durch eine Widerstandsmessung bestimmen. Hierfür kann direkt der Widerstand einer CAN-Leitung gegen Masse gemessen werden. Sollte der Widerstand 0 Ω betragen, liegt ein Schluss dieser Leitung gegen Masse vor. Liegt kein Masseschluss vor, ergibt sich ein nahezu unendlich hoher Widerstandswert. Diese Fehlerbestimmung durch eine Widerstandsmessung sollte ausschließlich im High-Speed-Bus vorgenommen werden.

Oszilloskop

Auch mithilfe eines Oszilloskops lässt sich der Fehler darstellen. Hierbei kann man deutlich die Sendeversuche der Steuergeräte erkennen, die allerdings von den Empfängern nicht ausgewertet werden können, da die Differenzspannung der beiden Leitungen nicht den Vorgaben entspricht.

Der Fehler wird dann wie gehabt lokalisiert. Am wichtigsten hierbei bleibt, dass immer zwei zusammengehörige CAN-Leitungen vom Verteilungsknoten entfernt werden müssen. Sobald auf dem Knoten wieder ein CAN-Signal messbar ist, wurde das richtige Steuergerät vom Knoten entfernt. Der Bus arbeitet wieder. Bei einer Vernetzung über mehrere Verbindungsknoten muss durch Messung der Signalspannung an den anderen Knoten sichergestellt werden, dass auch auf diesen ein Signal messbar ist. Falls dies nicht der Fall sein sollte, wurde die Verbindungsleitung vom ersten zum zweiten Verteilerknoten entfernt. Sobald sichergestellt ist, dass die richtigen CAN-Leitungen vom High-Speed-Bus entfernt wurden, wird der Systemtester

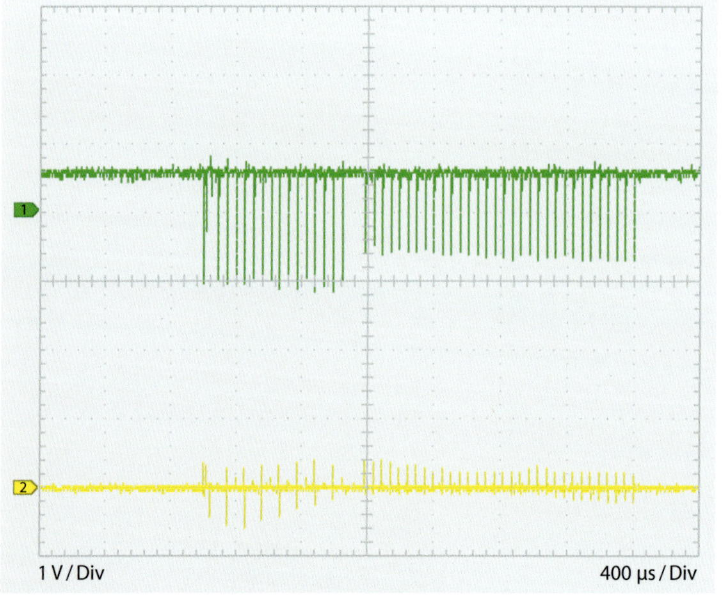

***Abbildung 52:* Masseschluss einer CAN-H-Leitung.**

nach Abfragen der Fehlerspeicher ein Steuergerät anzeigen, zu dem keine Kommunikation hergestellt werden kann. Um festzustellen, ob sich der Fehler in den Leitungen oder im Steuergerät befindet, wird wiederum der Steuergerätestecker am Steuergerät abgezogen, in dem sich die CAN-Leitungen befinden. Fügt man nun die vom Knoten abgezogenen Leitungen wieder dem Verbindungsknoten hinzu, erkennt man am Bild des Oszilloskop, wo sich der Fehler befindet. Sind wieder CAN-Signale messbar, muss das Steuergerät getauscht werden, sind keine Signale messbar, liegt ein Masseschluss auf einer der CAN-Leitungen vor. Nachdem der Fehler behoben wurde, ist es zwingend erforderlich, dass die Fehlerspeicher im System gelöscht werden. Abschließend die Fehlerspeicher erneut auslesen.

5.4 Plusschluss einer CAN-Leitung am Beispiel einer Mercedes C-Klasse ‚W204'

In der aktuellen C-Klasse ist auch der Innenraum-CAN als High-Speed-Bus ausgeführt. Allerdings arbeitet dieser mit einer Datenübertragungsrate von 125 kBit/s. Die Signale und ihre Spannungspegel entsprechen allerdings den Vorgaben für den High-Speed-CAN. Liegt ein Plusschluss dieses Innenraum-CANs vor, sollte das System nicht mehr arbeiten. Es kommt zu einem Totalausfall der Komfortelektronik. Wird das System mit dem Fahr-

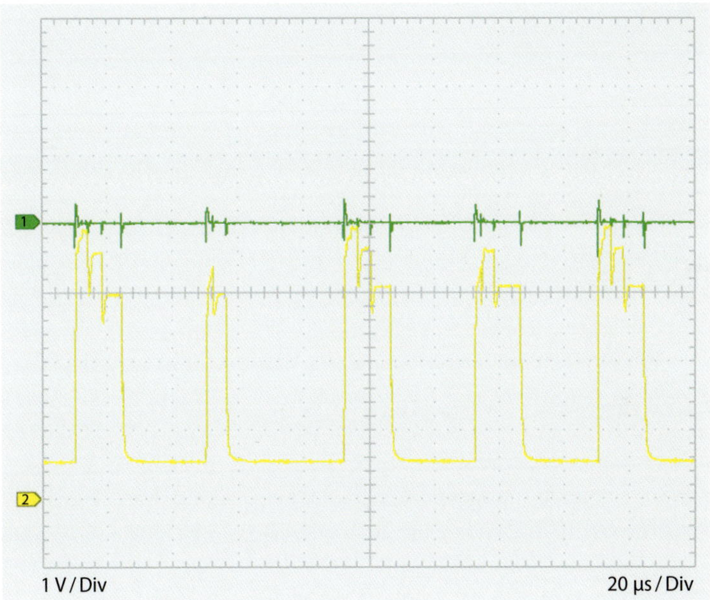

***Abbildung 53:* Masseschluss einer CAN-L-Leitung.**

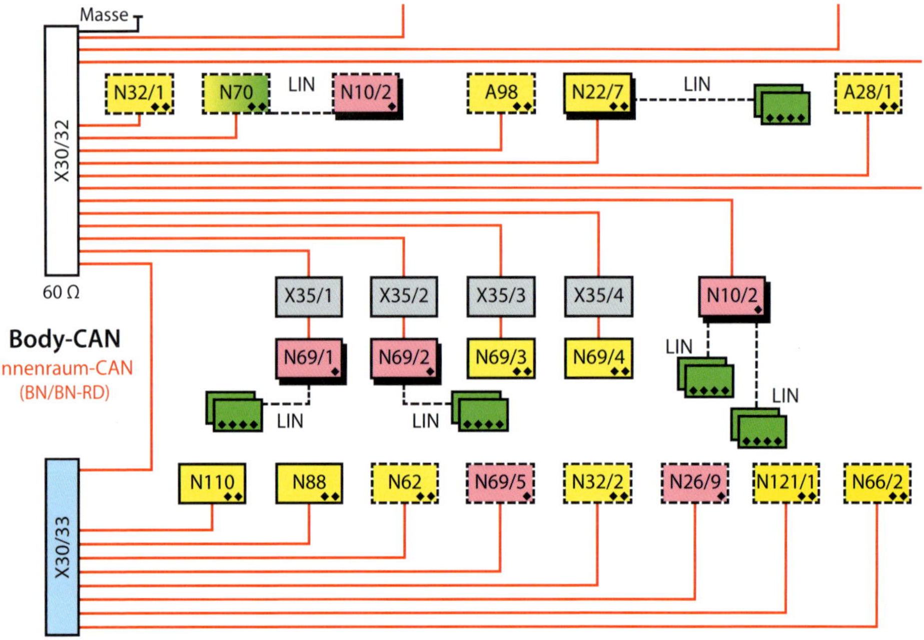

Abbildung 54: Auszug aus der Gesamtvernetzung des ‚W204'. Quelle: Mercedes-Benz Herstellerunterlagen.

zeugsystemtester ausgelesen, werden viele Steuergeräte aufgelistet, die nicht erreichbar sind. Wie man aus der Systemübersicht entnehmen kann, gibt es für den Innenraum-CAN zwei Verteilerknoten, die Potenzialverteiler X30/32 und X30/33. Diese befinden sich im Fußraum des Fahrers beziehungsweise des Beifahrers.

Um festzustellen, welcher Fehler im System vorliegt, wird eine Spannungsmessung auf einem der Potenzialverteiler durchgeführt. Bei einer Multimetermessung misst man – aufgrund der Tatsache, dass beide CAN-Leitungen über einem Widerstand von 60 Ω miteinander verbunden sind – sowohl auf der CAN-H- als auch auf der CAN-L-Leitung ungefähr 12 V beziehungsweise 5 V. Der Plusschluss wird auf der Leitung liegen, auf der die höhere Spannung gegen Masse gemessen wird. Auch mit einem Oszilloskop lässt sich der Fehler eindeutig bestimmen.

Beide Kanäle zeigen bei der Messung mit dem Oszilloskop eine konstante Spannung an, auf der Sendeversuche der Steuergeräte erkennbar sein können. Auch hier wird der Kanal den Plusschluss zeigen, bei dem die Spannung höher ist. Da bei diesem Fahrzeug immer beide CAN-Leitungen eines Steuergeräts über den Stecker auf den Potenzialverteiler gesteckt sind, werden durch Ziehen des Steckers automatisch immer auch beide CAN-Leitungen eines Steuergeräts vom Verteilerknoten entfernt. Nun wird wieder so lange an dem ersten Potenzialverteiler ein Stecker nach dem anderen abgezogen bis wieder CAN-Signale auf diesem Potenzialverteiler messbar sind. Wichtig ist es, einen abgezogenen Stecker immer wieder auf den Potenzialverteiler zurückzustecken, falls kein CAN-Signal gemessen werden kann. Sobald wieder Signale angezeigt werden, muss auch am zweiten Potenzialverteiler die Spannung gemessen werden. Sind hier Signale vorhanden, wurde der richtige Stecker am ersten Verteiler gezogen. Werden keine CAN-Signale angezeigt, muss die Strategie an diesem Verteiler fortgeführt werden, da am ersten Verteiler die Verbindung zwischen den beiden Verteilern abgezogen wurde.

Sobald ein Stecker eindeutig als Fehlerquelle bestimmt wurde, zeigt der Tester nach dem Auslesen der Fehlerspeicher ein Steuergerät an, zu dem keine Kommunikation mehr besteht. Der genaue Fehlerort wird wiederum dadurch bestimmt, dass am Steuergerät der Stecker abgezogen und der Stecker am Potenzialverteiler wieder auf diesen gesteckt wird. Können CAN-Signale auf einem Potenzialverteiler gemessen werden, muss das Steuergerät getauscht werden, sind keine Signale messbar, liegt ein Plusschluss auf einer der CAN-Leitungen vor. Sobald der Fehler behoben wurde, werden die Fehlerspeicher gelöscht und erneut ausgelesen.

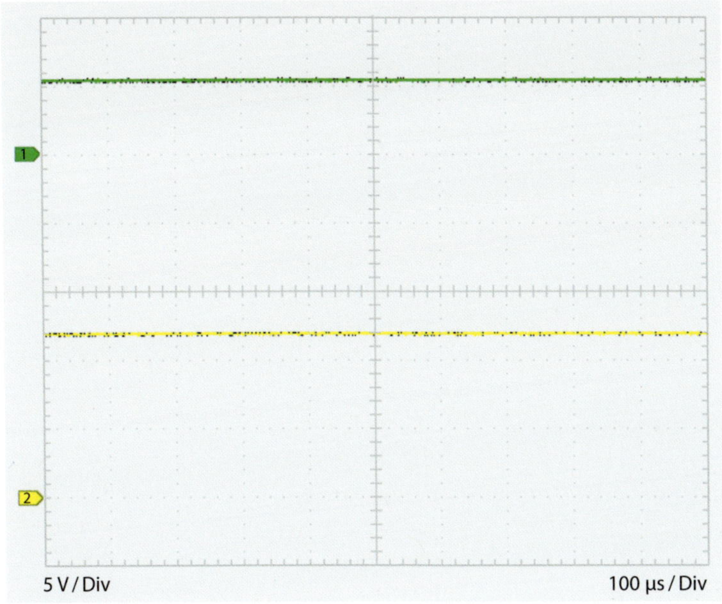

***Abbildung 55:* Plusschluss im High-Speed-Bus.**

5.5 Kurzschluss zwischen CAN-H und CAN-L

Auch bei einem Kurzschluss zwischen den beiden CAN-Leitungen kann der High-Speed-Bus nicht mehr arbeiten. Im Gegensatz zum Low-Speed-Bus, in dem sich ein Signal (das CAN-H-Signal) durchsetzt, können im High-Speed-Bus keine Botschaften mehr übermittelt werden. Der Fahrzeugsystemtester meldet ein Teilsystem (zum Beispiel Komfort-, Antriebs- oder Infotainmentsystem) ohne Funktion. Die Steuergeräte in diesem CAN-Netzwerk können nicht mehr miteinander kommunizieren. Der komplette Bus ist ausgefallen. Als erster wird wieder die Topologie dieses Fahrzeugs herausgesucht und anschließend die CAN-Verbindungsknoten freigelegt. An diesem Knoten kann nun die Spannungsmessung durchgeführt werden. Bei einem Kurzschluss zwischen beiden CAN-Leitungen ergibt sich auf diesen beiden Leitungen eine Spannung von 2,5 V. Da auch bei einem intakten System die mit einem Multimeter gemessene Spannung jeweils bei ungefähr 2,5 V liegt, ist es sicherer, entweder mit dem Multimeter die Spannung zwischen CAN-H und CAN-L zu messen, welche im Kurzschlussfall 0 V groß sein sollte, oder mit dem Multimeter den Widerstand zwischen CAN-H und CAN-L. Allerdings muss bei einer Widerstandsmessung die Zündung ausgeschaltet werden, sodass unter Umständen der Fahrzeugsystemtester Probleme berei-

***Abbildung 56:* Kurzschluss zwischen CAN-H und CAN-L im High-Speed-Bus.**

ten könnte. Die genaueste Methode ist auch in diesem Fall wieder eine Messung mit dem Oszilloskop. Werden beide Signale im Zweikanalbetrieb dargestellt, zeigt sich, dass beide Spannungen konstant auf 2,5 V liegen. In unregelmäßigen Abständen erkennt man die Sendeversuche der Steuergeräte.

Muss der Fehler in einem Fahrzeug behoben werden, in dem die Verbindungsknotenpunkte wie beim Volkswagen Touran aus zusammengecrimpten Leitungsenden bestehen, müssen beide Knoten geöffnet werden. Da der High-Speed-Bus nicht eindrahtfähig ist, müssen auch hier zur Lokalisierung des Fehlers jeweils beide CAN-Leitungen eines Steuergeräts von den Verbindungsknoten getrennt werden. Die CAN-Leitungen jedes Steuergeräts sind bis dicht am Knoten miteinander verdrillt, bevor sie auf die jeweiligen Knoten geführt werden, sodass die beiden zusammengehörigen Leitungen eines Steuergeräts erkannt werden können. Bei diesem Vernetzungskonzept dürfen auch im High-Speed-Bus die Knoten eigentlich nicht geöffnet werden. Soll der Fehler aber lokalisiert und behoben werden, bleibt wie bereits skizziert leider keine sinnvolle Alternative (siehe Beispiel Fehlersuche im Low-Speed-Bus).

Beide CAN-Leitungen

Entscheidend für die Lokalisierung eines Fehlers im High-Speed-Bus ist, dass immer die zusammengehörigen CAN-Leitungen von den entsprechenden Verbindungsknoten getrennt und, falls keine CAN-Botschaften messbar sind, wieder dem richtigen Knoten hinzugefügt werden. Sobald ein fehlerfreies CAN-Signal auf den Knoten gemessen wird, wurde das Steuergerät entfernt, zu dem der Fehler vorlag. Der Fahrzeugsystemtester zeigt nun das Steuergerät an, zu dem keine Kommunikation aufgebaut werden kann. In diesem Steuergerät oder in den Leitungen zu diesem Steuergerät befindet sich der Fehler. Das Steuergerät wird nun freigelegt und der Stecker an ihm abgezogen. Nach dem Hinzufügen der abgetrennten CAN-Leitungen zu den entsprechenden Verbindungsknoten, zeigt das Oszilloskop ein Gutbild an, sofern sich der Fehler im Steuergerät befindet. Sind die Leitungen defekt, lassen sich keine CAN-Signale messen. Eine weitere Möglichkeit, den Fehler genau zu lokalisieren, besteht auch darin, bei vom Knoten abgetrennten CAN-Leitungen an dem abgezogenen Stecker des Steuergerätes zwischen den beiden CAN-Leitungen eine Widerstandsmessung durchzuführen. Liegt der Widerstand bei 0 Ω, sind die Leitungen defekt. Ist der Widerstandswert unendlich groß, muss das Steuergerät getauscht werden. Wie bei jeder Fehlersuche in einem vernetzten System müssen abschließend die Fehlerspeicher der Steuergeräte dieses Systems gelöscht werden, da durch das Abnehmen und wieder Hinzufügen einzelner Steuergeräte vom CAN-Verbindungsknoten sehr viele Fehler gesetzt werden.

5.6 Fehlender oder defekter Abschlusswiderstand

Der achte nach ISO genormte Fehler kann nur im High-Speed-Bus vorkommen, da nur hier mit Abschlusswiderständen gearbeitet wird. Bei einem fehlerhaften Busabschluss kann es zu Reflexionen der Signale und somit zu Überlagerungen kommen. Je kleiner der Widerstand durch zum Beispiel einen korrodierten Belag über dem Abschlusswiderstand wird, desto unsauberer werden die CAN-Signale. Das Verhalten des Busses ähnelt nun immer mehr dem bei einem Kurzschluss einer CAN-Leitung gegen Masse. Je größer der Abschlusswiderstand wird, desto höher ist die Gefahr von Überlagerungen durch Signalreflexionen.

Der Systemtester wird einen fehlerhaften Abschlusswiderstand in der Regel nicht direkt als Fehler anzeigen. Es werden aber Fehler im High-Speed-Bus erkannt. Unter Umständen bricht die Kommunikation auf dem Bus komplett zusammen. Am sichersten lässt sich dieser Fehler mithilfe der Widerstandsmessung bestimmen. Dafür wird bei ausgeschalteter Zündung der Widerstandswert zwischen der CAN-H- und der CAN-L-Leitung gemessen. Der Wert sollte in einem intakten System ungefähr 60 Ω groß sein. Liegt er darüber, wird ein Widerstand im Netzwerk defekt sein. Liegt er darunter, ist mindestens ein Widerstandswert im Netzwerk zu klein. Nun muss mithilfe der Herstellerunterlagen herausgefunden werden, wie viele Abschlusswiderstände in diesem System verbaut wurden. Anschließend müssen die Werte gemessen werden, wobei mindestens ein Ende des Widerstandes durch zum Beispiel Abziehen der CAN-Leitung vom Verbindungsknoten aus dem System herausgetrennt werden muss. Stellt sich im Verlauf der Fehlersuche heraus, dass in einem Steuergerät der Abschlusswiderstand defekt ist, muss dieses Steuergerät getauscht werden. Abschlusswiderstände in den Steuergeräten können in der Regel nicht getauscht werden. Viele Hersteller bringen Abschlusswiderstände in den Verteilerknoten unter, wie zum Beispiel Daimler im Potenzialverteiler. Ist an einem dieser Verteiler ein Abschlusswiderstand defekt, so kann der Verteiler getauscht werden. Nach der Instandsetzung sollte im System zwischen CAN-H und CAN-L wieder ein Abschlusswiderstand von circa 60 Ω gemessen werden. Sobald dies der Fall ist, können die Zündung wieder eingeschaltet und die Fehlerspeicher des Fahrzeugs ausgelesen werden. Sobald der Fehler behoben wurde und das System wieder einwandfrei arbeitet, müssen auch hier die Fehlerspeicher der angeschlossenen Steuergeräte gelöscht werden.

6. Fehlersuche praktisch durchgeführt

Bei möglichen Fehlern ist es wichtig, strukturiert und zielgerichtet vorzugehen. Probleme bei der Fehlerdiagnose treten in der Regel dann auf, wenn falsche Schlüsse gezogen werden und die Fehlersuche nicht strukturiert angegangen wird. Folgendes Vorgehen hat sich etabliert und sollte vom Werkstattprofi verinnerlicht werden:

1. Fehlerspeicher im zentralen Steuergerät (Gateway) oder einem Steuergerät des betroffenen Teilsystems auslesen.
2. Überblick über die Vernetzung des Systems verschaffen.
3. Messung auf dem Bus zur eindeutigen Fehlerbestimmung.
4. Strategie zur Fehlerlokalisierung anwenden.
5. Fehlerhafte Leitungen/Steuergeräte instand setzen beziehungsweise tauschen.
6. System prüfen, sämtliche Fehlerspeicher löschen und anschließend Fehlerspeicher neu auslesen.

Geht man nach diesem Schema vor, sollten sich nahezu alle Fehler in vernetzten Systemen schnell und sicher lokalisieren und beheben lassen. Es folgen nun einige Beispiele, die dies verdeutlichen.

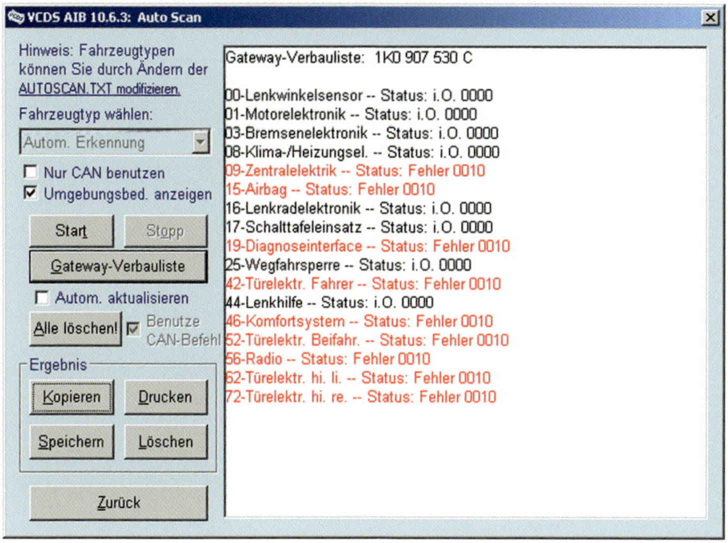

Abbildung 57: ***Volkswagen, Audi: Die Gateway-Verbauliste zeigt den Status der eingebauten Steuergeräte an.***

Beispiel Volkswagen Touran (Low-Speed-CAN)

Da sich ein Fehler im Low-Speed-CAN nicht unbedingt bemerkbar macht, hat dies in der Regel auch keine Kundenbeanstandung zur Folge. Der Low-Speed-CAN arbeitet auch mit nur einer Leitung weiter. Da jedoch keine externe Störung durch Bildung des Differenzsignals herausgefiltert wird, kann es zu sporadischen Ausfällen in diesem System kommen.

1. Fehlerspeicher auslesen

Bei Volkswagen und Audi kann man über die sogenannte Gateway-Verbauliste eine schnelle Übersicht über alle verbauten Steuergeräte und Ihre Fehlerspeichereinträge erhalten.

Über diese Liste gelangt man auch in jedes einzelne Steuergerät. Im Fehlerspeicher des Diagnose-Interface, also des Gateways, bekommt man weitere Informationen.

Leider hinterlegen die Fahrzeughersteller nicht immer hilfreiche Informationen in den Fehlerspeichern. Beim Volkswagen Touran zum Beispiel wird jeder Eindraht-Fehler im Low-Speed-Can bei den meisten Steuergeräten als ‚Unterbrechung' angezeigt, auch wenn es sich zum Beispiel um einen Plus- oder Masseschluss handelt. Man sollte sich also angewöhnen, diesen Zusatz im Speichereintrag zu ignorieren. Feststellen lässt sich aber zweifelsfrei, dass es sich um einen Low-Speed-Bus handelt und dass sich dieser Bus im Eindraht-Betrieb befindet. Es kann also nur einer von sieben genormten Fehlern vorliegen.

2. Topologie (Vernetzungsplan) erstellen

Gerade für freie Werkstätten ist es oftmals ein Problem, an die benötigten Informationen zu kommen. Leider ist die Fehlersuche in einem vernetzten System kaum

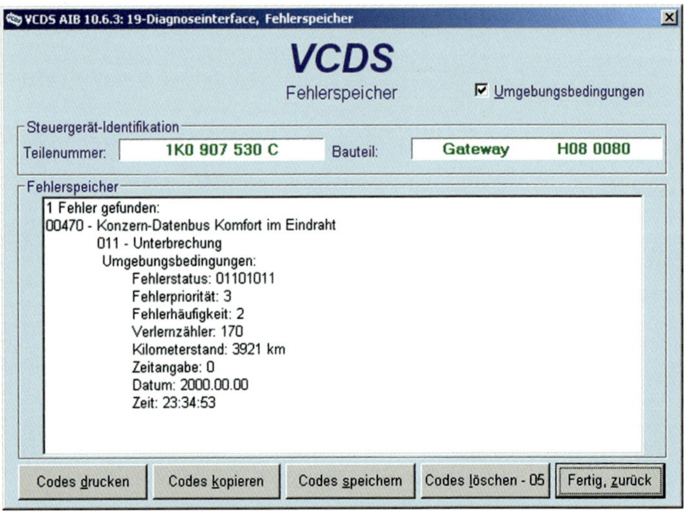

Abbildung 58: ***Achtung! Nicht alle Informationen sind auch immer korrekt.***

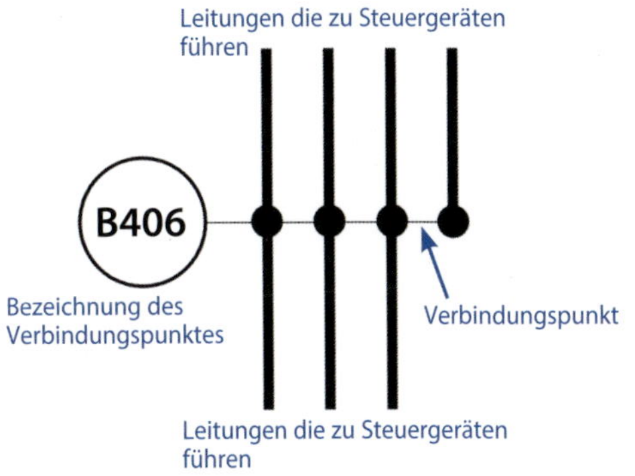

***Abbildung 59:* Vorsicht: Nur aus dem Stromlaufplan lässt sich der Vernetzungsplan entnehmen.**

ohne Vernetzungsplan möglich. Man muss also auf die Kooperation der Hersteller oder der benachbarten Marken-Niederlassungen hoffen. Hilfreich ist es, sich dazu ebenfalls ein ‚Netzwerk' aufzubauen.

Sobald man den Stromlaufplan für das jeweilige Fahrzeug erhalten hat, lässt sich der Vernetzungsplan entnehmen. Dabei ist darauf zu achten, dass der Vernetzungsplan auch wirklich aus dem Stromlaufplan entnommen wird. Einige Hersteller – und zu denen gehört Volkswagen leider auch – geben Vernetzungsübersichten heraus, die nicht mit der realen Vernetzung im Fahrzeug übereinstimmen.

Volkswagen bildet Leitungen als dickere schwarze, meist senkrecht angeordnete Linien ab. Die Knotenpunkte wiederum werden als dünnere Linie meist waagerecht dargestellt. Wichtig dabei ist, dass es sich bei der dünneren Linie tatsächlich nicht um eine Leitung, sondern um eine Verbindung handelt. Im CAN-Bus also um einen Knotenpunkt. Verfolgt man die Leitungen nun auf den entsprechenden Stromlaufplanseiten, erkennt man, dass es sich hier um eine einfache Sterntopologie handelt.

3. Eindeutige Fehlerbestimmung

Wie bereits beschrieben, lassen sich Fehler sowohl mit einem Multimeter als auch mit dem Oszilloskop bestimmen. Eine Oszilloskopmessung ist dabei genauer und zeigt etwaige Fehler exakter an. Auch lässt sich sofort feststellen, ob CAN-High oder CAN-Low betroffen ist.

Auf dem Papier sieht dieses Fehlerbild schön und eindeutig aus. In der Realität allerdings laufen die Bilder über das Oszilloskop, sodass man gute Augen oder viel Erfahrung haben muss, um ein Problem eindeutig zu erkennen. Das gute an den modernen Oszilloskopen ist allerdings, dass man jederzeit das Bild anhalten beziehungsweise ‚einfrieren' kann. Dies macht man so lange, bis man ein aussagefähiges Standbild erhält.

4. Die richtige Strategie anwenden

Um eine Leitungsunterbrechung im Low-Speed-CAN zu erkennen legt man einfach einen CAN-Knoten auf Masse und liest anschließend den Fehlerspeicher im Gateway aus. Hier wird jetzt das Steuergerät angezeigt, welches nicht mehr erreichbar ist.

Um festzustellen, ob die Unterbrechung auf der Leitung oder im Steuergerät

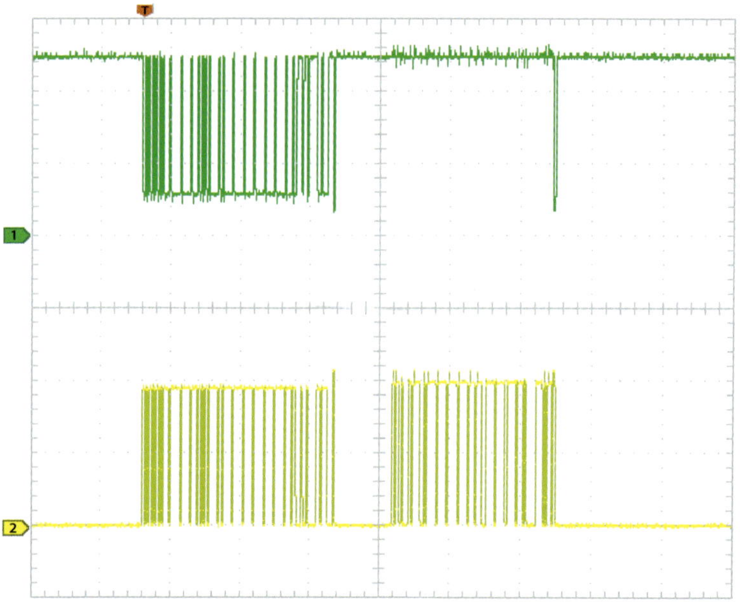

Abbildung 60: ***Messung mit dem Oszilloskop: Hier handelt es sich um eine Unterbrechung auf CAN-Low. Sie kann sowohl auf einer CAN-Low-Leitung als auch in einem Steuergerät vorliegen.***

selbst vorliegt, löst man den durchgeführten Masseschluss wieder und zieht am angezeigten Steuergerät den Stecker ab. Nun kann der Kfz-Pofi im Leitungsstecker an den Pins, an denen die CAN-Leitungen angeschlossen sind, mit einem Multimeter oder einem Oszilloskop die Spannung gegen Masse messen. Wird eine Spannung beziehungsweise ein Spannungssignal angezeigt, sind die Leitungen in Ordnung und das Steuergerät muss getauscht werden. Wird auf einer Leitung keine Spannung gemessen, ist sie unterbrochen und muss repariert werden.

Die Schwierigkeit beim Volkswagen Touran (Beispiel) oder auch beim Volkswagen Golf besteht darin, die CAN-Knotenpunkte freizulegen. Sie sind so gut verbaut, dass man nur mit sehr hohem Aufwand herankommt. Bei einem Masseschluss, einem Plusschluss oder bei einem Leitungsschluss zwischen beiden CAN-Leitungen müssen die Knoten jedoch zwingend freigelegt werden, um den Fehler zu lokalisieren. Bei einer Leitungsunterbrechung ist dies nicht zwingend erforderlich. Sowohl die Messungen als auch das ‚Auf-Masse-Legen' eines Knotens kann an jeder beliebigen Stelle durchgeführt werden. So kann man zum Beispiel die Trennstecker an A- und B-Säule verwenden.

5. Bei der Instandsetzung zu beachten

Es gibt Automobilhersteller, die eine Reparatur einer CAN-Leitung untersagen. Hier müssen den Angaben zufolge im Schadensfall immer beide Leitungen komplett ausgewechselt werden. Andere Hersteller wiederum gestatten eine Reparatur – nur müssen die Reparaturstellen einen Mindestabstand zueinander haben.

Solange ein Fahrzeug in der Gewährleistung der Hersteller liegt, muss man sich natürlich an die Vorgaben halten. Es hat sich allerdings gezeigt, dass der CAN-Bus äußerst robust ist. Das bedeutet, dass es in der Regel keine Probleme verursacht, wenn man eine unterbrochene CAN-Leitung wieder verbindet. Dafür sind alle gängigen Verfahren vom Löten bis hin zum Crimpen möglich.

6. Fehlerspeicher müssen gelöscht werden

Durch die Fehlersuche werden vom Kfz-Profi bewusst Fehler generiert. In dem vorliegenden Beispiel ist bewusst ein Knoten auf Masse gelegt worden. Dadurch werden in mindestens allen angeschlossenen Steuergeräten des Low-Speed-CAN

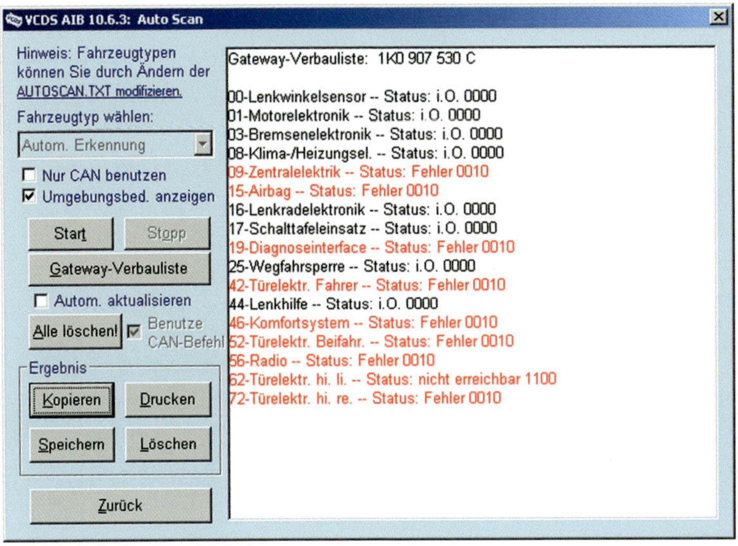

Abbildung 61: *Auslesen des Fehlerspeichers im Gateway. Ein Steuergerät ist nicht erreichbar.*

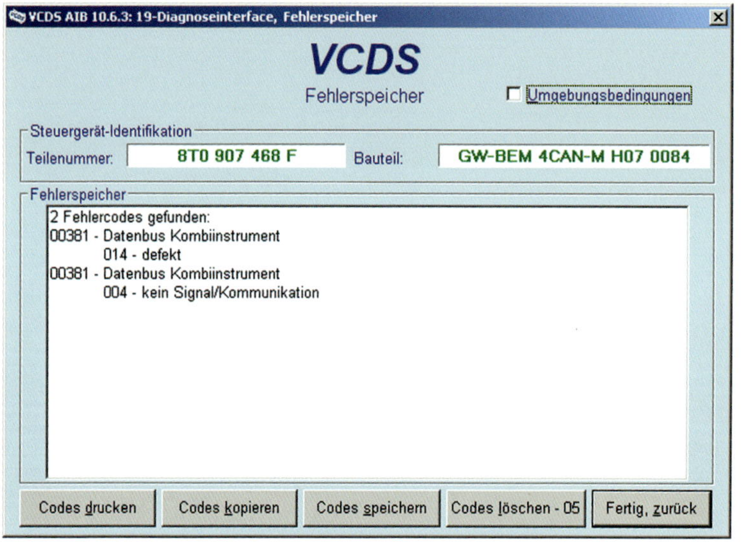

Abbildung 62: ***Fehler im High-Speed-CAN.***

Fehler gesetzt. Diese müssen zwingend wieder gelöscht werden.

Abschließend wird das System auf Funktion geprüft. Zwar würde man den Fehler im Low-Speed-CAN nicht reproduzieren können, es gab schließlich auch kein Systemausfall, allerdings erkennt das System im Betrieb natürlich, ob der Eindraht-Fehler beseitigt wurde. Falls nicht, wird ein neuer Fehlereintrag generiert. Das abschließende Auslesen des Systems zeigt, ob alles in Ordnung ist.

Beispiel Audi A5 (High-Speed)

Anders als im Low-Speed-CAN macht sich ein Fehler im High-Speed-CAN immer bemerkbar. Der High-Speed-CAN wurde ursprünglich nur in sicherheitsrelevanten Bereichen eingesetzt. Mittlerweile verwenden die meisten Hersteller sowohl im Komfort- als auch im Antriebs- und Sicherheitsbereich ausschließlich einen High-Speed-CAN. Dies hat den Vorteil, dass nur noch ein System verbaut werden muss. Außerdem machen sich Fehler nun immer bemerkbar. Im folgenden Beispiel springt der Motor eines Audi A5 schlecht an und läuft dann unrund. Zudem ist das Kombiinstrument ausgefallen.

1. Fehlerspeicher auslesen

Um sich einen Überblick über das System zu verschaffen, kann man je nach Fahrzeug und verwendetem Systemtester die Gateway-Verbauliste aufrufen, einen Kurztest über alle Steuergeräte durchführen oder den Fehlerspeicher im Gateway auslesen.

Ein Fehler im High-Speed-CAN ruft in der Regel einen Totalausfall hervor. Er wird selbstverständlich nicht nur im Gateway angezeigt. Allerdings sind die anderen Steuergeräte durch den Systemtester nicht mehr zu erreichen. Der Gateway ist meist mit allen Bussen verbunden. Für die Diagnose gibt es in der Regel einen eigenen Bus, an dem nur das Gateway und über die Diagnoseschnittstelle des Fahrzeugs der Systemtester angeschlossen sind.

2. Topologie erstellen

Der Audi A5 hat eine Doppel-Stern-Topologie. Das bedeutet, dass es jeweils zwei CAN-H-Knoten und zwei CAN-L-Knoten gibt, welche wiederum miteinander verbunden sind. Anders als bei Volkswagen werden bei Audi die CAN-Leitungen nicht einfach miteinander verpresst oder vercrimpt. Sie werden auf einer offenen Steckerleiste geführt. Auf diese Leiste ist ein Trennstecker gesetzt, der die Leitungen verbindet. Möchte man zur Fehlersuche den Trennstecker ziehen, so muss einem bewusst sein, dass der komplette CAN-Knoten geöffnet wurde.

Abbildung 63: ***Gezogener Trennstecker: Der komplette CAN-Knoten ist offen.***

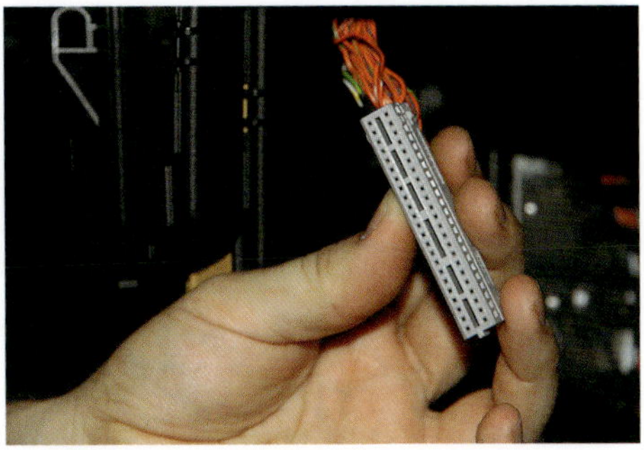

Abbildung 64: ***Die ausgebaute Steckerleiste verdeutlicht, dass die Leitungen nicht mehr miteinander verbunden sind. Mitunter ist ein System-Neustart erforderlich.***

Es kann nun passieren, dass das System komplett abstürzt und ein Neustart (Batterie ab- und wieder anklemmen) erforderlich wird. Um dies zu verhindern, sollte zwingend die Zündung vor dem Abziehen des Trennsteckers ausgeschaltet werden.

3. Fehlerbestimmung

Um eine Fehlersuche in den CAN-Systemen am Audi durchführen zu können, benötigt man eine so genannte Break-Out-Box. Um die Box anschließen zu können, wird ein CAN-Trennstecker am Fahrzeug gezogen. Dabei muss zwingend die Zündung ausgeschaltet sein. In die offene Steckerleiste wird die Box eingesteckt.

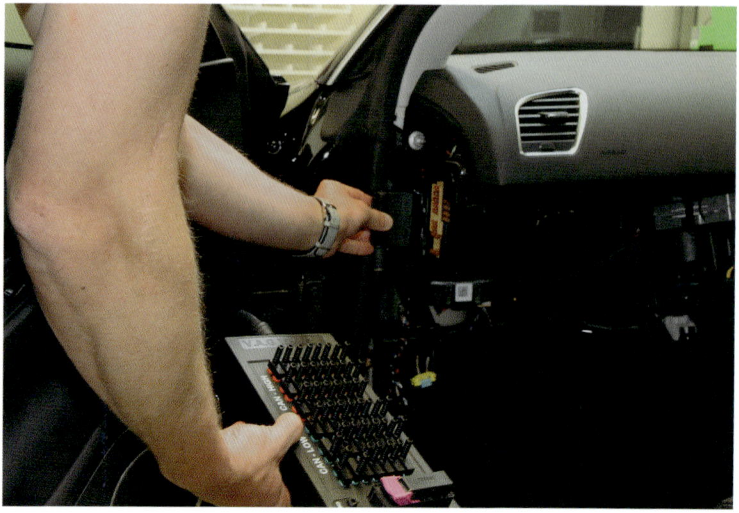

Abbildung 65: ***Zündung aus! Anschluss einer Break-Out-Box.***

Der gezogene Trennstecker wird nun in die Break-Out-Box gesteckt. Somit sind die Knoten wieder verbunden, die Zündung kann eingeschaltet und der Fehler gesucht werden.

Die Break-Out-Box hat die Aufgabe, die CAN-Leitungen auf Steckbrücken zu führen. An diesen Steckbrücken kann nun gemessen werden. Zusätzlich ist es einfach möglich durch ziehen von Brücken einzelne Steuergeräte vom Bus zu trennen.

Auch im High-Speed-CAN können Fehler mit einem Multimeter bestimmt werden. Allerdings ist es auch hier besser, ein Oszilloskop zu verwenden. Leider sind die Fehlerbilder im High-

Abbildung 66: ***Fehlersuche: Der Trennstecker wird in die Break-Out-Box gesteckt.***

Rezessiver Spannungspegel	Fehler im Bus
Beide Spannungen sind gleich	Kurzschluss zwischen CAN-H und CAN-L
Eine Spannung ist 0 V, die andere etwas höher	Masseschluss einer CAN-Leitung
Eine Spannung ist 12 V, die andere etwas niedriger	Plusschluss einer CAN-Leitung

Abbildung 67: Mögliche Fehler im High-Speed-CAN.

Speed-CAN nicht immer auf den ersten Blick aussagekräftig. Es empfiehlt sich, in diesem Bussystem überwiegend auf die rezessiven Spannungspegel zu achten.

Es wird auf den Busleitungen auch im Fehlerfall immer wieder zu Sendeversuchen kommen. Diese machen sich durch kurze Ausschläge bemerkbar, welche sich aber nicht als eindeutige Botschaft zuordnen lassen. Zur Auswertung des Fehlerbildes sollten diese Ausschläge ignoriert werden.

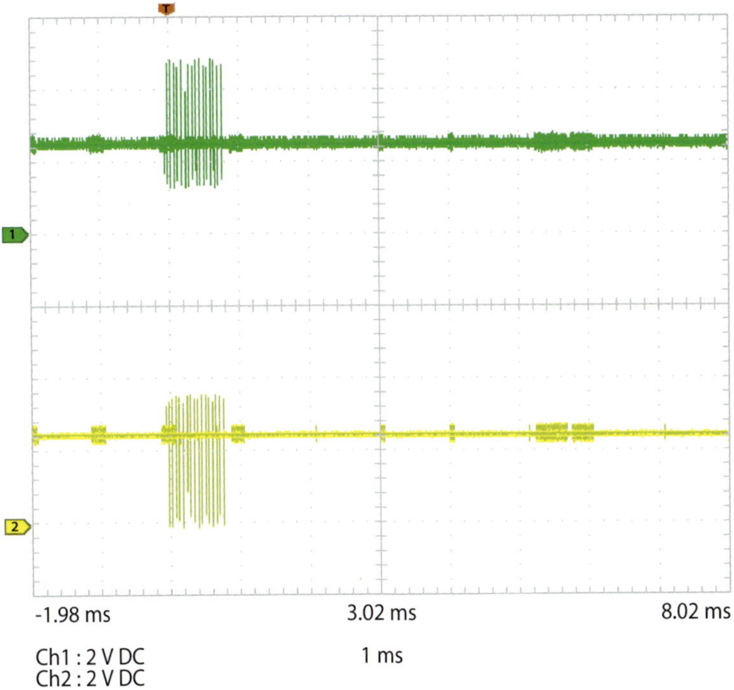

Abbildung 68: Die Ausschläge kann man ignorieren – keine eindeutige Botschaft.

Lösung: Das Fehlerbild zeigt auf beiden CAN-Leitungen dieselben rezessiven Spannungspegel. Es liegt somit ein Kurzschluss zwischen CAN-H und CAN-L vor.

4. Strategie anwenden

Da sich im High-Speed-Bus ein Leitungsfehler immer auch auf die andere Leitung auswirkt, darf hier auf keinen Fall zur Fehlersuche eine Leitung auf Masse gelegt werden. Allerdings ist es möglich, mithilfe der Break-Out-Box einzelne Steuergeräte vom Bus zu nehmen. Zieht man also zwei zusammengehörige Brücken aus der Box, so hat man nicht nur das Steuergerät vom Bus entfernt, sondern auch die dazugehörigen Leitungen.

Somit können nun nacheinander Steuergeräte mit ihren Leitungen abgezogen werden. Bleibt das Fehlerbild vorhanden, werden die Brücken wieder zurückgesteckt und ein anderes Brückenpaar gezogen. Damit verfährt man so lange, bis sich eine Änderung im Oszilloskopbild ergibt. Ist dies der Fall, gibt der Fehlerspeichereintrag im Gateway an, welches Steuergerät abgezogen wurde.

Um nun festzustellen, ob der Fehler auf den Leitungen liegt oder vom Bremsensteuergerät verursacht wird, werden die Brücken wieder zurückgesteckt. Somit sollte das Oszilloskop wieder ein Fehlerbild anzeigen. Anschließend zieht man den Stecker direkt am Bremsensteuergerät ab. Zeigt das Oszilloskop immer noch das Fehlerbild an, so liegt der Fehler auf den Leitungen. Anderenfalls muss das Bremsensteuergerät erneuert werden.

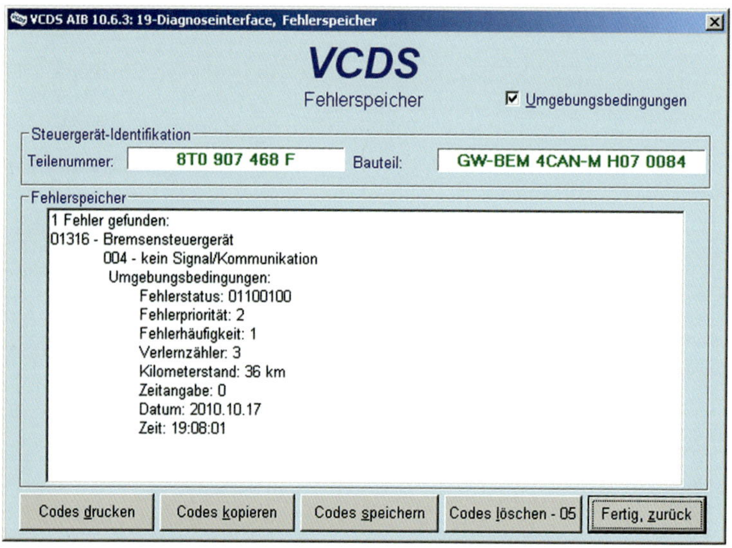

***Abbildung 69:* Bremsensteuergerät: Fehlerspeichereintrag im Gateway.**

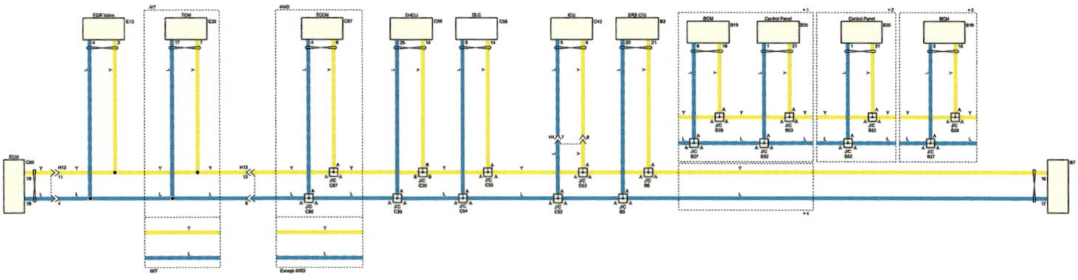

Abbildung 70: ***Keine zentralen Knotenpunkte: Bustopologie im Isuzu D-Max.***

5. Instandsetzung

Auch im High-Speed-CAN können Leitungen repariert werden. Es ist aber darauf zu achten, dass die Verdrillung der beiden Leitungen so weit wie möglich beibehalten wird.

6. System prüfen

Bevor das System überprüft und die Fehlerspeicher gelöscht werden, stellt man den Ursprungszustand des Fahrzeugs wieder her. Das bedeutet, die Break-Out-Box wird entfernt und der Trennstecker kommt wieder in die vorgesehene Steckerleiste. Anschließend erfolgt die Systemprüfung.

Beispiel ISUZU D-Max (High-Speed-CAN)

Das folgende Beispiel verdeutlicht, wie wichtig eine umfassende Systemkenntnis für die Fehlersuche ist. Ohne einen Vernetzungsplan wäre der Fehler hier nicht auffindbar. Das Fahrzeug springt nicht mehr an, im Kombiinstrument werden Fehler angezeigt.

1. Fehlerspeichereintrag

Unser Fahrzeugsystemtester liefert für den Isuzu D-Max nur wenige Informationen. Allerdings lässt die Meldung ‚Controller-Area-Network troubled‘ darauf schließen, dass sich der Fehler in einem High-Speed-CAN befindet.

2. Topologie

Anders als bei den meisten Fahrzeugen gibt es beim Isuzu D-Max keine zentralen Knotenpunkte, an denen die CAN-Leitungen verbunden werden.

Dem Stromlaufplan kann man entnehmen, dass es sich hier um eine lineare Vernetzung handelt. Dabei sind einige Abzweigungen lösbar und andere fest ausgeführt. Bei den festen Verbindungen sind die CAN-Leitungen mit Leitungsverbindern miteinander in Kontakt. Die lösbaren Abzweigungen sind durch Trennstecker verbunden.

3. Fehlerbestimmung

Um beim Isuzu D-Max Messungen auf dem Bus vornehmen zu können, muss ein Trennstecker gezogen und anschließend wieder so adaptiert werden, dass die CAN-Leitungen wieder miteinander verbunden sind und zusätzlich eine Messoption geschaffen wird. Gegebenenfalls kann auch direkt an einem Trennstecker gemessen werden.

Das Fehlerbild ist eindeutig. Auf einer Leitung lassen sich direkt 12 V messen. Die Spannung auf der anderen Leitung

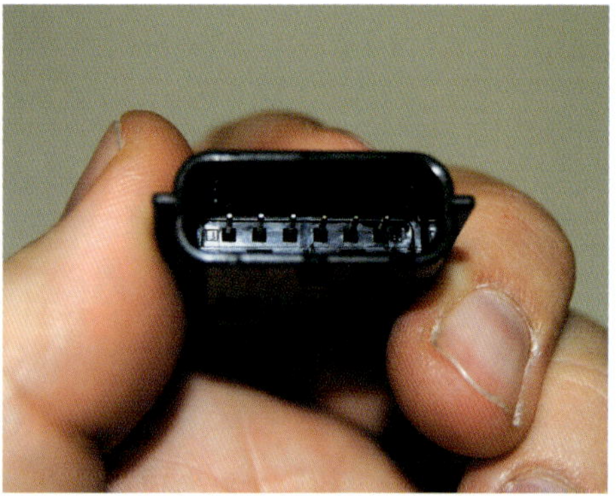

Abbildung 71: Isuzu D-Max: Ein Trennstecker verbindet sowohl drei CAN-Low- als auch drei CAN-Highleitungen miteinander.

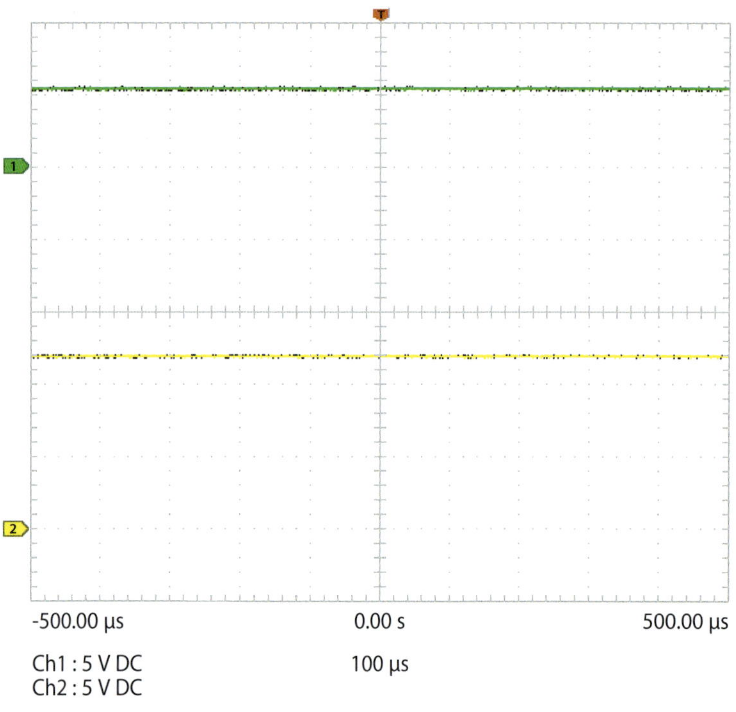

Abbildung 72: Isuzu D-Max: Plusschluss im High-Speed-CAN.

wird durch die vorhandenen Abschlusswiderstände mit nach oben gezogen, sodass auch hier ein Spannungswert von knapp über 5 V messbar ist. Das Ergebnis ist ein Plusschluss im High-Speed-Can.

4. Strategisch vorgehen

Da beim Isuzu D-Max keine zentralen Knotenpunkte im Bussystem existieren, muss hier etwas anders vorgegangen werden. Der Kfz-Profi grenzt den Fehler durch sinnvolles Auftrennen des Busses ein. Dafür löst er einen der mittleren Trennstecker und misst sowohl in der einen als auch in der anderen Trennstelle des Busses. Hierbei ist es nicht wichtig, dass saubere Signale messbar sind. Durch das Auftrennen stimmt der Abschlusswiderstand auf dem Bus nicht mehr. Vielmehr muss erkannt werden, ob der Plusschluss auf der einen Seite des Busses vorhanden ist oder auf der anderen Seite. Nur noch auf einer Seite sollte jetzt weiterhin das Fehlerbild in Erscheinung treten. Diesen ‚Teilbus' trennt man nun wiederrum möglichst in der Mitte auf. Auf diese Art und Weise arbeitet man sich nun solange durch den Bus, bis der Fehler gefunden ist.

5./6. Instandsetzung und Systemprüfung

Die Besonderheit beim Isuzu D-Max liegt in der Adaption der Fehlersuchstrategie. Nötig wird dies durch die unübliche Topologie des CAN-Busses. Bei der Instandsetzung und der Systemprüfung kann nun wie üblich vorgegangen werden.

Fazit

Geht man bei der Fehlersuche strukturiert vor, so lassen sich sämtliche Fehler in vernetzten Systemen einfach und schnell finden. Wichtig dabei ist, dass man sich nicht unbedingt die Stelle vornimmt, an der das Problem sichtbar wurde, sondern sich vielmehr ein Überblick über das Gesamtsystem verschafft. Wenn man zuerst ein wenig Geduld aufbringt, spart man sich am Ende viel Zeit wieder ein.

7. Subsystem LIN

Die hier beschriebenen Fehlersuchstrategien funktionieren in CAN-Systemen unterschiedlicher Fahrzeughersteller. Für weitere Systeme gelten andere Vorgehensweisen. Ein in vielen Fahrzeugen verbautes System bildet der LIN-Bus. Dieser ist ein sogenannter Subbus, da er immer an ein Steuergerät, welches sich im Hauptbus (zum Beispiel dem CAN) befindet, gebunden ist.

Als sich 1998 ein Konsortium aus verschiedenen Automobilherstellern und Zulieferfirmen unter ihnen Audi, BMW, Daimler-Benz, Motorola, Volvo und VW zusammenschloss, geschah dies zu dem Zweck, einen einheitlichen Standard für ein Netzwerksystem in Kraftfahrzeugen zu entwickeln. Dieses Netzwerk sollte vor allem einfach im Aufbau, kostengünstig, flexibel, robust und als offener Standard definiert sein. Hieraus entwickelte sich der LIN-(Local-Interconnect-Network)Bus.

Mittlerweile unterstützen weit über 40 Firmen die Entwicklung des LIN-Bus. Weitere Informationen über das Konsortium finden sich im Internet unter www.lin-subbus.org. Der LIN-Bus wird mittlerweile in beinahe jedem Fahrzeug verbaut. Er bildet eine kostengünstige Alternative zum CAN, da er mit einer Leitung auskommt. Aufgrund der großen Verbreitung von LIN-Bausteinen können Aktoren und Sensoren ohne größere Mehrkosten als LIN-Steuergeräte ausgelegt werden.

7.1 Charakteristik des LIN-Bus

Ein LIN-Bus besitzt eine Master/Slave-Architektur, die aus einem Master- und maximal 16 Slave-Steuergeräten besteht. Das Mastersteuergerät regelt in dem Bus die Kommunikation durch Senden von Anfragen oder Aufforderungen an die Slave-Steuergeräte. Er kontrolliert den Datentransfer und legt die Datenübertragungsgeschwindigkeit fest. Da der Master in der Regel zusätzlich an einem weiteren Bussystem angeschlossen ist, meist am CAN-Bus, übernimmt er auch den Datenaustausch zwischen diesen beiden Systemen, er fungiert als Gateway für diesen LIN-Bus, diagnostiziert die LIN-Steuergeräte und gibt diese Informationen über den CAN-Bus weiter. Soll ein Steuergerät, welches ausschließlich am LIN angeschlossen ist, mit einem Systemtester angesprochen oder ausgelesen werden, geschieht dies über den Master des LIN.

Abbildung 73 zeigt die Vernetzung des Komfortbereichs eines VW Tourans. In diesem System sind ein Wischermotor und der Regen-/Lichtsensor am LIN angeschlossen. Sowohl der Aktor Wischermotor als auch der Sensor sind mit einer Elektronik ausgestattet, sodass sie als LIN-Slaves arbeiten. Der große Vorteil, Aktoren und Sensoren als LIN-Komponenten auszulegen, besteht darin, dass am Master nur ein PIN für die Steuerung der Aktoren bezie-

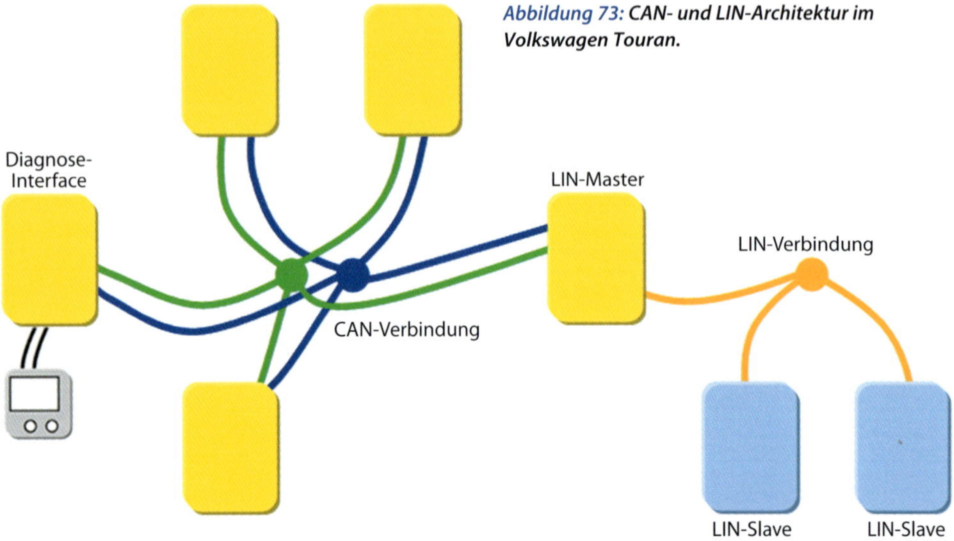

Abbildung 73: ***CAN- und LIN-Architektur im Volkswagen Touran.***

hungsweise für das Auslesen der Sensoren benötigt wird. Leistungsendstufen können direkt am Aktor, Aufbereitungselektronik direkt am Sensor untergebracht werden. Zusätzlich ist es möglich, intelligente Sensoren und Aktoren zu benutzen, die mit einem Fehlerspeicher versehen werden und auslesbar sind. Slave-Steuergeräte können nicht selbstständig Botschaften auf den LIN-Bus geben (eine Ausnahme bildet der Wake-Up-Befehl), sie reagieren ausschließlich auf Anfragen beziehungsweise Aufforderungen des Masters. Es ist also nicht möglich, Befehle auf den LIN zu geben. Dies kann nur das Mastersteuergerät. Aus diesem Grund wird der LIN-Bus gerne in Bereichen verwendet, die von außen zugänglich sind.

7.2 Datenübertragung

Damit möglichst viele Hersteller und Zuliefererfirmen LIN-Komponenten entwickeln können und diese auch einsetzen, besteht die Hauptaufgabe des LIN-Konsortiums darin, die Datenübertragung in ihrer Reihenfolge, ihrer Geschwindigkeit sowie den verwendeten Spannungspegeln festzulegen. Der Aufbau einer Botschaft muss auch im LIN immer derselbe und eindeutig sein. Anders als im CAN-Bus kann im LIN immer nur das Mastersteuergerät eine Botschaft anstoßen. Es gibt mehrere unterschiedliche Botschaftsformen, von denen die vier wichtigsten hier erwähnt werden sollen. Die **Standardbotschaft** beinhaltet eine Anfrage beziehungsweise Aufforderung an den Slave. Diese Botschaft wird zyklisch gesendet, das bedeutet in immer gleichen wiederkehrenden Abständen. Gerade in LIN-Systemen mit vielen Teilnehmern besteht beim Master die Möglichkeit, **ereignisgesteuerte Botschaften** zu senden. Bei diesen Botschaften reagieren die LIN-Slaves nur auf Veränderungen. Hat zum Beispiel der Regensensor bereits gemeldet, dass es nicht regnet, wird er auf eine ereignisgesteuerte Anfrage erst wieder reagieren, sobald es zu regnen begonnen hat. Der Abstand der zyklisch ablaufenden Botschaften wird so groß gewählt, dass der Master durch **spontane Botschaften** Anfragen oder Aufforderungen senden kann. Hiermit kann der Master auf besondere Ereignisse reagieren. Um ein Slave-Steuergerät zu konfigurieren und zu diagnostizieren sendet der Master eine **Diagnosebotschaft.** Diese ist die einzige Botschaft, die durch den entsprechenden Empfänger im LIN bestätigt wird.

Aufbau der Botschaft

Vom Prinzip sind alle die beschriebenen Botschaften gleich aufgebaut. Um den Busteilnehmern zu signalisieren, dass eine Botschaft durch den Master angestoßen wird, verändert dieser den rezessiven Zustand des Busses für mindestens 13 Bitzeiten auf den dominanten Pegel. Anschließend folgt eine Begrenzung durch mindestens ein rezessives Bit. Dieser Ablauf wird Synchronisationspause genannt. Durch diese Pause, die in einem normalen Ablauf im LIN nur zu Beginn einer Botschaft vorkommen kann, wissen die LIN-Slaves, dass eine Botschaft entsteht. Es folgen mehrere Wechsel aus rezessiven und dominanten Pegeln zur Synchronisierung der Steuergeräte auf den Takt des Masters. Hiermit legt der Master auch fest, in welcher Geschwindigkeit die Daten in dieser Botschaft übertragen werden sollen. Auf dem LIN-Bus können die Daten mit einer Geschwindigkeit von 1.000 Bit/s bis maximal 20 kBit/s übertragen werden, wobei eine Übertragungsrate von 19,2 kBit/s gebräuchlich ist. Nach der Synchronisation sendet der Master einen eindeutigen Identifier. In diesem beschreibt er zum Beispiel, von welchem Slave er eine Information erhalten möchte oder welchen er zu einer Aktion auffordert.

Die Synchronisationspause, das Synchronisationsfeld und der Identifier ergeben zusammen den sogenannten Botschaftskopf, den Header. Dieser wird ausschließlich vom Master gesendet. Es folgen ein bis acht Bytes Daten im Datenfeld, welche jeweils durch ein Start- und ein Stopbit eingerahmt werden. Am Ende der Response wird vom Sender eine Checksumme zur Kontrolle der Übertragung mitgesendet. Das Datenfeld und die Checksumme können vom Master oder auch vom Slave übertragen werden. Sie bilden zusammen die Botschaftsantwort, die Response.

Fragt der Master zum Beispiel den Regensensor nach Feuchtigkeit auf der Scheibe ab, sendet er den entsprechenden Header auf den LIN. Alle angeschlossenen Slaves erhalten diese Anfrage, aber nur der Regensensor fügt dem Header nun die Response hinzu. Soll der Wischermotor zum Beispiel in Stufe 1 betätigt arbeiten, sendet der Master den passenden Header auf den LIN und fügt gleichzeitig in der Response die weiteren Informationen hinzu. Der Wischermotor würde in diesem Beispiel keine Antwort geben. Die Response wurde vom Master übertragen. Eine komplette Botschaft besteht immer aus Header und Response.

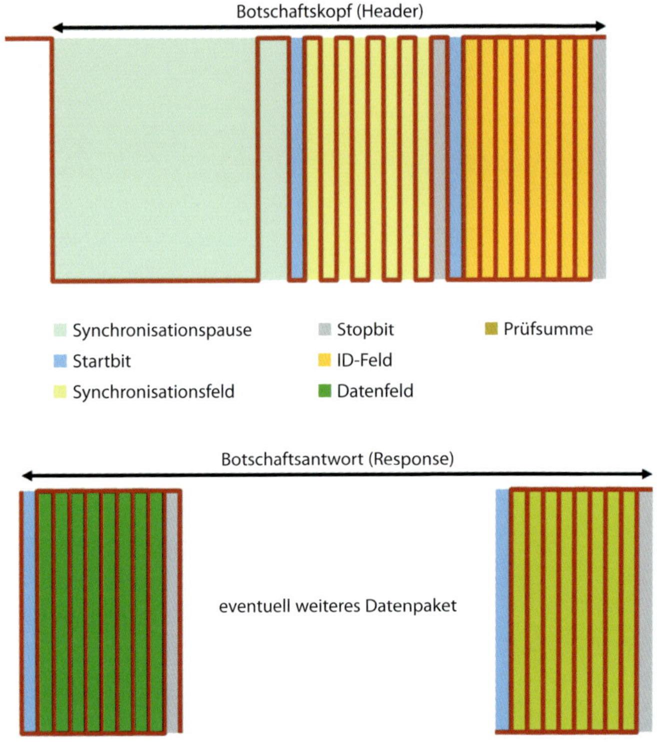

Abbildung 74: ***Aufbau einer LIN-Botschaft.***

Reaktion auf Fehler

Im Gegensatz zum CAN-Bus, in dem der Sender einer Botschaft eine Bestätigung der Empfänger erhält, dass eine Botschaft korrekt übertragen wurde, erhält der Master dieses im LIN-Bus nicht. Trotzdem werden Fehler im LIN-Bus von den Teilnehmern erkannt. Sie werden allerdings nicht automatisch an den Master weitergegeben. Auch gibt es keine festgeschriebene Routine, wie Master und Slaves auf erkannte Fehler reagieren sollen. Dies wird individuell in der Software des einzelnen Teilnehmers organisiert. Da der Master wie alle Steuergeräte im CAN-Bus auch auf dem LIN gleichzeitig senden und empfangen kann, liest er die von ihm ausgegebenen Daten gleichzeitig mit und kann durch den Vergleich der empfangenen Daten mit den ausgesendeten Daten Bitfehler, die durch äußere Einflüsse entstehen könnten, erkennen. Je nachdem wie die Fehlerbehandlung im Master organisiert wurde, besteht nun die Möglichkeit, das Senden der Botschaft zu unterbrechen beziehungsweise abzuwarten und die Botschaft erneut zu senden. Sendet der Master nur den Header einer

Botschaft als Anfrage, kann er auch nur in diesem Bitfehler erkennen. Der Slave sendet allerdings am Ende seiner Response auch noch eine Checksumme mit, sodass der Master überprüfen kann, ob die angeforderten Daten richtig angekommen sind. Ist dies nicht der Fall, kann eine wiederholte Anfrage gesendet werden. Sollte ein Slave auf eine Anfrage nach einer gewissen Zeit nicht geantwortet haben, wird dies als ‚Slave-Not-Responding'-Fehler erkannt und vom Master als Information auf den CAN-Bus gelegt, damit dieser Fehler durch einen Systemtester eindeutig ausgelesen werden kann. Da die Fehlerbehandlung nicht Bestandteil der LIN-Spezifikation ist, kann es bei den unterschiedlichen Fahrzeugherstellern zu verschiedenen Reaktionen der beteiligten Steuergeräte kommen.

7.3 Signalverlauf

Der LIN-Bus nimmt im rezessiven Zustand, also in der Ruhelage, ungefähr die aktuelle Bordnetzspannung an. Der dominante Pegel des Busses liegt bei annähernden 0 V.

Abbildung 75 zeigt den Signalverlauf eines Headers. Hier kann man deutlich die dominante Synchronisationspause mit der rezessiven Synchronisationsbegrenzung erkennen. Anschließend folgt die Synchronisation mit dem regelmäßigen Wechsel der Buspegel. Hinter diesen Pegelwechseln wird der Identifier der Botschaft dargestellt. Die Spannungspegel, die für das Senden eines Botschaftssignals festgelegt wurden, beziehen sich immer auf die interne Versor-

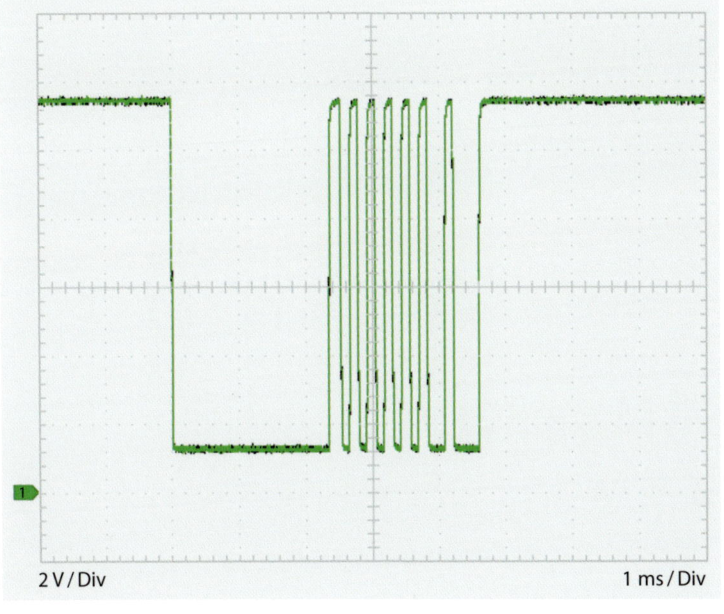

Abbildung 75: Signalverlauf des Headers einer LIN-Botschaft.

gungsspannung der Elektronik, welche etwas geringer als die Bordnetzspannung ist. Sobald der Spannungspegel 80 Prozent dieser Versorgungsspannung erreicht hat, gilt er als rezessiv. Der dominante Pegel liegt eigentlich auf 0 V. Auch hier gibt es einen Toleranzbereich. Bis zu 20 Prozent der Versorgungsspannung sind als dominanter Pegel beim Senden zulässig. Auch beim empfangen der Daten beziehen sich die Pegel auf die interne Spannung der Elektronik. Wobei hier Pegel von 100 Prozent bis 60 Prozent dieser Spannung als rezessiv und von 0 Prozent bis 40 Prozent als dominant erkannt werden.

Abbildung 76 zeigt eine Botschaft mit Botschaftskopf (Header) und Botschaftsantwort (Response). Durch den physikalischen Aufbau der Teilnehmer kommt es häufig vor, dass der dominante Spannungspegel der Response etwas unterhalb dessen des Headers liegt. Somit lassen sich Header und Response im Oszilloskopverlauf in der Regel gut unterscheiden. Wie auch im CAN-Bus werden im LIN dem dominanten Spannungspegel der logische Zustand ‚0' und dem rezessiven Pegel der logische Zustand ‚1' zugeordnet.

Der Master sendet in regelmäßigen Abständen Anfragen und Aufforderungen auf den Bus. Dabei werden alle Slaves berücksichtigt, die in dem System verbaut sein könnten. In einem nicht voll ausgestatteten System werden vom Master auch Header gesendet, auf die keine Response erfolgt.

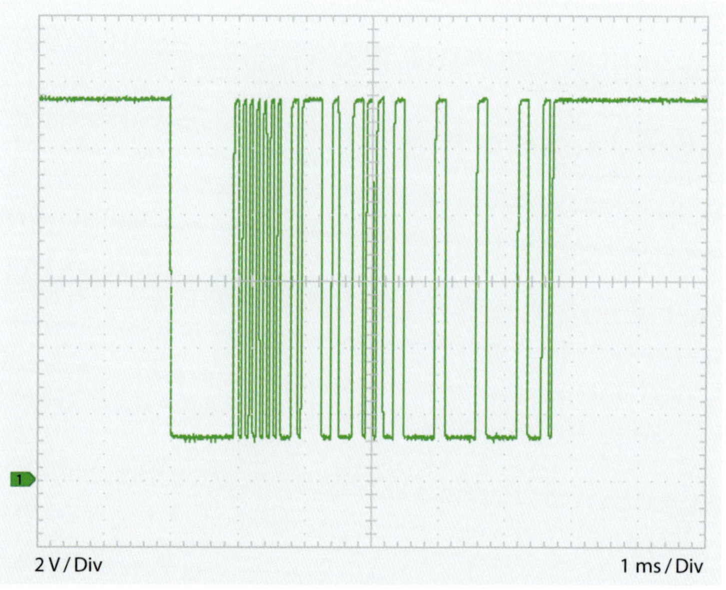

*Abbildung 76: **Komplette LIN-Botschaft.***

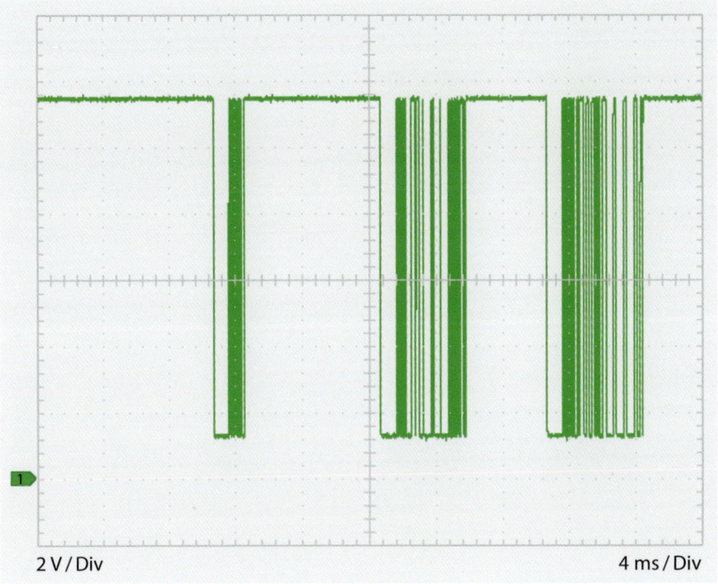

Abbildung 77:
LIN-Botschaften beim Golf V.

In Abbildung 77 werden drei LIN-Botschaften dargestellt. Zwei der Botschaften bestehen aus Header und Response, eine nur aus dem Header. Sie ist für den optionalen Regen-/Lichtsensor bestimmt. Dies hat auf die Funktion des Busses keinen Einfluss. Und so lange der ‚fehlende' Slave nicht im Master als vorhanden codiert wurde, wird auch kein ‚Slave-Not-Responding-Fehler' gesetzt. Schließt man an diesem LIN nun den Regen-/Lichtsensor an, ist die Funktion sofort vorhanden, das heißt eine automatische Regenerkennung funktioniert auch ohne Codierung. Allerdings werden dann auch keine Fehler erkannt.

7.4 Vernetzungskonzepte

In den häufigsten Fällen wird ein LIN-Bus auch als Sterntopologie ausgeführt. Das bedeutet, dass von jedem Busteilnehmer eine LIN-Leitung zu einem zentralen Punkt geführt und dort mit den anderen verbunden wird. Die LIN-Leitungen bestehen aus Kupferdraht mit einem Querschnitt um 0,35 mm^2. Im Verbindungspunkt werden die Leitungen in der Regel dauerhaft miteinander verbunden, zum Beispiel durch Zusammencrimpen.

Bei einigen Fahrzeugmodellen wird auch eine lineare Vernetzung eingesetzt, bei der die LIN-Leitung vom Master zum ersten Slave geführt und dort mit der LIN-Leitung des ersten Slaves, die zum zweiten führt, verbunden wird. Dieses Verfahren lässt sich dann beliebig fortführen, bis zum letzten Slave. Auch eine Mischform beider Konzepte wird angewendet. Leider sind die Hersteller dort nicht so stringent. Das bedeutet, dass zur Fehlersuche erst einmal sämtliche Verbindungspunkte des LIN-Busses herausgesucht werden müssen.

7.5 Fehler im LIN

Mit Ausnahme eines Schlusses zwischen zwei Leitungen können im LIN-Bus dieselben Leitungsfehler wie im CAN-Bus auftreten. Und auch das Vorgehen zur Fehlerbestimmung und zur Lokalisierung des Fehlerortes ist ähnlich. Und genau wie im CAN-Bus sollte auch im LIN-Bus der Fehler strategisch gesucht werden, sodass nicht das komplette Fahrzeug zerlegt werden muss.

Messung mit dem Multimeter

Der LIN-Bus ist nicht fehlertolerant! Das bedeutet, dass sich jeder Fehler als Funktionsstörung im System bemerkbar macht und durch den Tester auslesbar ist. Bei den möglichen Leitungsfehlern kommt es zu unterschiedlichen Fehlermeldungen. Liegt eine Unterbrechung zu einem Slave vor, wird der Systemtester diesen explizit aufführen, da zu dem Slave keine Kommunikation hergestellt werden kann. Liegt ein Plus- oder Masseschluss auf einer LIN-Leitung vor, so meldet der Tester in der

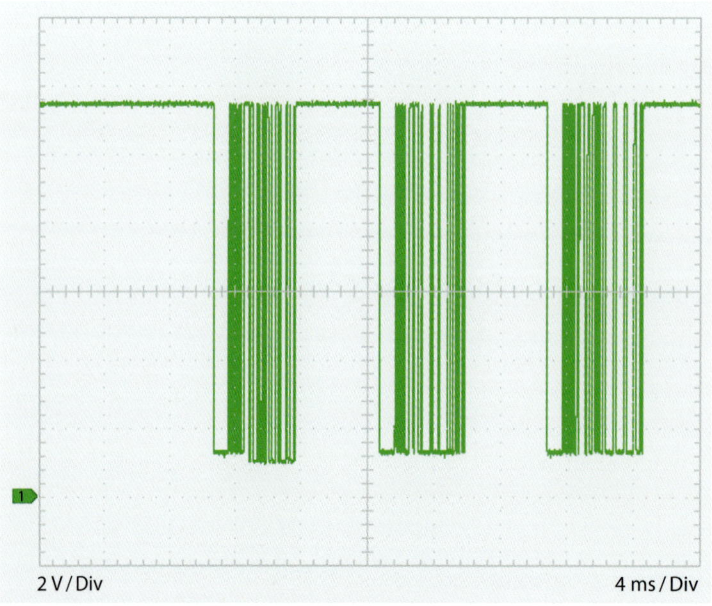

Abbildung 78:
LIN-Botschaften eines voll ausgestatteten Systems.

Regel nur, dass der lokale Datenbus beziehungsweise der LIN defekt ist. Bei einer Sterntopologie und einer Unterbrechung der LIN-Leitung des Masters wird der Tester entweder melden, dass der Bus defekt ist oder alle Slave-Steuergeräte aufführen, da er mit ihnen nicht mehr kommunizieren kann.

Sobald man über die Abfrage der Fehlerspeicher das System, in dem sich der Fehler befindet, herausgefunden hat, ist es unumgänglich, das Vernetzungskonzept für diesen Master herauszusuchen. Dieses bekommt man in der Regel aus den Stromlaufplänen für dieses Fahrzeug. Meist wird es sich um eine einfache Sterntopologie handeln. Bevor man nun den Fehler lokalisieren kann, sollte festgestellt werden, um welchen Fehler es sich genau handelt. Hierfür legt man idealerweise den Sternpunkt des Busses frei, damit auf ihm die Messungen durchgeführt werden können.

Liegt keine Sterntopologie vor, sucht man sich erst einmal einen Messpunkt zum Beispiel eine Steckverbindung, an dem man das LIN-Signal messen kann. Die Messergebnisse sind eindeutiger, sobald mit einem Oszilloskop die Signale aufgenommen werden. Aber auch mit einem Multimeter lässt sich der Fehler relativ sicher bestimmen. Gemessen wird sowohl mit dem Oszilloskop als auch mit einem Multimeter die Spannung der LIN-Leitung gegen Masse. Das bedeutet, dass ein Messanschluss des Messgeräts direkt

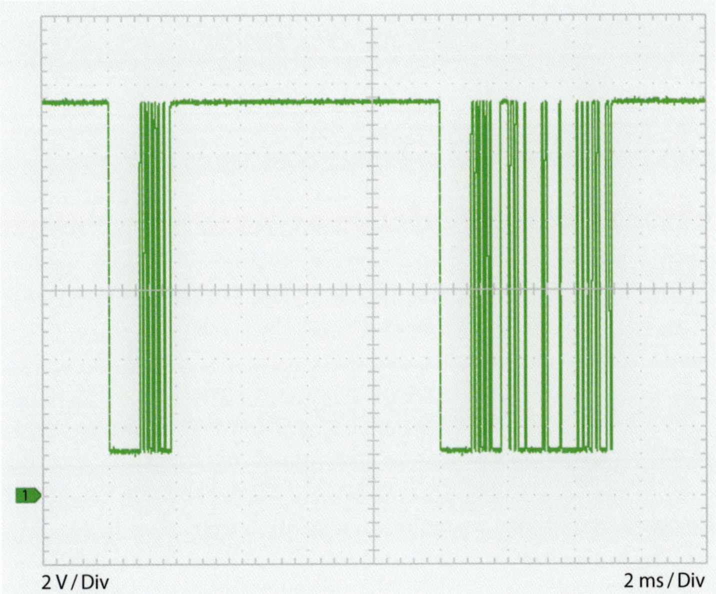

***Abbildung 79:* Die Response einer Botschaft fehlt.**

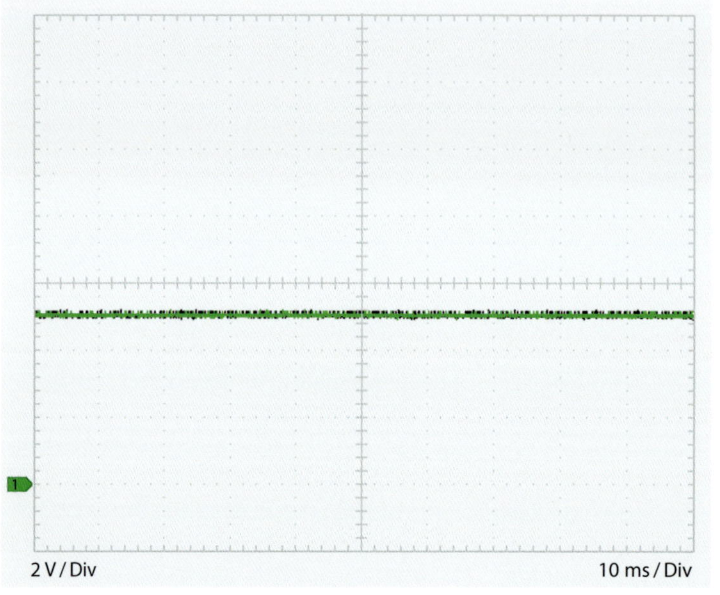

Abbildung 80:
Spannungssignal hinter der Unterbrechung.

an die LIN-Leitung angeschlossen wird und der andere an die Fahrzeugmasse. Beide Messgeräte müssen auf ‚DC', das bedeutet auf Gleichspannungsmessung, eingestellt werden. Da das Multimeter einen Mittelwert darstellt, sollte die gemessene Spannung in einem intakten System bei ungefähren 10 V also etwas unterhalb der Betriebsspannung liegen. Bei einem Plusschluss muss die Bordnetzspannung bei einem Masseschluss circa 0 V gemessen werden.

Messung mit dem Oszilloskop

Aussagekräftiger sind die Messergebnisse einer Oszilloskopmessung. In einem intakten System werden einige Botschaften mit Header und Response dargestellt und einige nur mit Header. Wie vorab beschrieben, ist dies normal und bedeutet nicht zwingend, dass ein Fehler vorliegt.

Abbildung 78 zeigt die Botschaften auf dem LIN-Bus bei einem voll ausgestatteten System. Kommt es in diesem System zu einer Unterbrechung in einer LIN-Leitung eines Slaves, fehlt in mindestens einer Botschaft eine Response.

Der Master bekommt zwar mit, dass die Antwort fehlt, setzt auch einen Fehlercode, wird aber den Header weiterhin regelmäßig senden. Misst man auf der Seite der Unterbrechung, auf der sich der Slave befindet, also hinter der Unterbrechung, so stellt man dort ein Gleichspannungssignal fest, das zum Beispiel bei 5 V liegen kann.

Da in der Regel bei diesem Fehler der Tester bereits mitgeteilt hat, welches Slave-Steuergerät nicht mehr erreichbar ist, sollte nun der genaue Ort der Unterbrechung gesucht werden. Zur Bestimmung, ob sich der Fehler in der Leitung oder im Steuergerät befindet, empfiehlt es sich, den Stecker des Steuergeräts abzuziehen, und an der LIN-Leitung im Stecker eine Spannungsmessung gegen Masse durchzuführen.

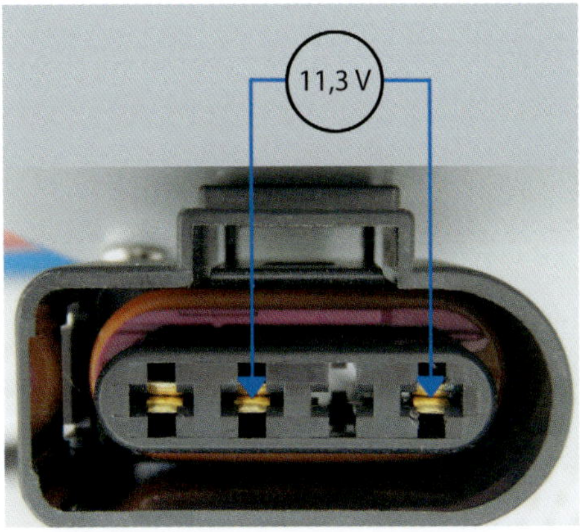

Abbildung 81: ***Spannungsmessung im Stecker.***

Masse oder Plusschluss

Liegt eine Spannung an beziehungsweise können mit dem Oszilloskop LIN-Botschaften dargestellt werden, ist die Leitung in Ordnung und das Steuergerät muss gewechselt werden. Ist keine Spannung messbar, muss die Leitung überprüft und instand gesetzt beziehungsweise getauscht werden.

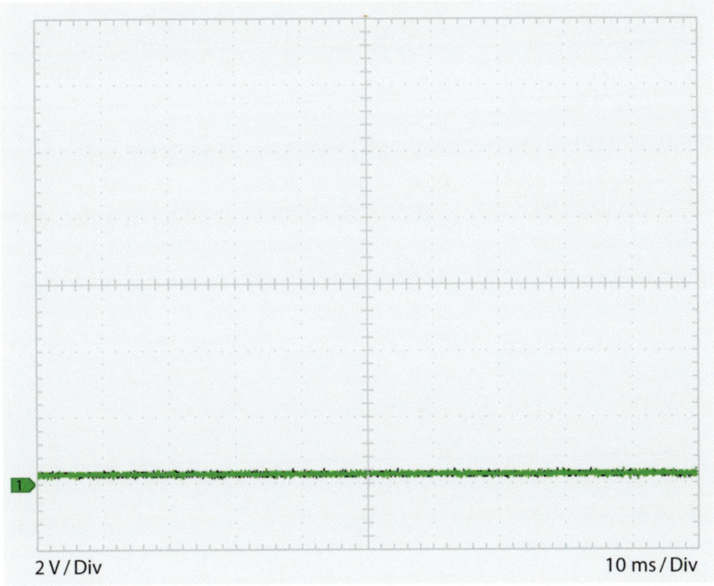

Abbildung 82: ***Masseschluss im LIN.***

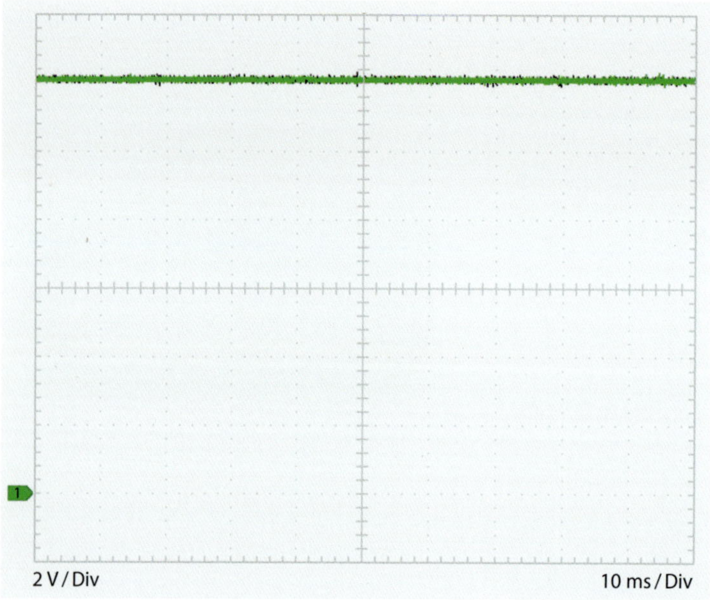

Abbildung 83: ***Plusschluss im LIN.***

Liegt ein Masse- oder Plusschluss auf dem LIN vor, so arbeitet dieser überhaupt nicht mehr. Es können alle Teilnehmer nicht mehr miteinander kommunizieren. Das System ist komplett ausgefallen. Zur Fehlerbestimmung wird auch hier eine Spannungsmessung mit dem Multimeter oder besser noch mit einem Oszilloskop durchgeführt. Bei einem Masseschluss liegt das Spannungssignal dauerhaft auf 0 V, bei einem Plusschluss permanent auf ungefähren 12 V (Bordnetzspannung).

Da sich solche Fehler auf alle am LIN angeschlossenen Steuergeräte auswirken, kann mithilfe eines Systemtesters nicht festgestellt werden, an welcher Stelle beziehungsweise in welcher Leitung sich dieser Fehler befindet. Hierzu wendet man wieder eine ähnliche Strategie wie im CAN-Bus an. Bei einer Sterntopologie öffnet man den Sternpunkt und nimmt einzelne Leitungen von diesem. Gleichzeitig wird das Signal auf dem Bus gemessen. Ist wieder ein Signal messbar, hat man die Leitung entfernt, die den Fehler verursacht. Ist kein Signal messbar, muss die abgenommene Leitung wieder zur Verbindung hinzugefügt und eine andere entfernt werden. Sobald ein Signal messbar ist, kann durch Auslesen des Masterfehlerspeichers der abgenommene Slave bestimmt werden. Anschließend wird wieder auf die vorab beschriebene Art festgestellt, ob der Fehler von der Leitung oder vom Slave verursacht wird.

Bei dieser Art der Fehlersuche ist es möglich, dass beim Abtrennen der LIN-Leitungen von der Verbindung nie LIN-Signale messbar sind, sondern das Oszilloskop nur einmal eine Spannung von ungefähren 5 V darstellt. In diesem Fall befindet sich der Fehler auf der Leitung zum Master beziehungsweise im Master selbst. Da die Slaves nicht ohne Aufforderung senden, können in diesem Fall keine Signale gemessen werden. Die Ausgänge der Slaves werden aber auf ungefähren 5 V geschaltet, sodass auch hier eine Aussage eindeutig wird.

Nachdem die Leitung instand gesetzt beziehungsweise das Steuergerät getauscht wurde, wird eine Funktionsprüfung durchgeführt und abschließend werden die Fehlerspeicher im System gelöscht.

8. MOST-Bus

Der MOST-Bus wird vor allem im Infotainmentbereich eingesetzt, um Multimediadaten zu übermitteln. Dabei steht MOST für ‚Media-Oriented-Systems-Transport'. Bei diesem Bussystem ist eine sehr hohe Datenübertragungsrate möglich. Aktuelle MOST-Bussysteme (MOST-25) arbeiten mit einer Bitrate bis zu 25 MBit/s, wobei Mercedes beim W211 mit einer Bruttoübertragungsrate von 22 MBit/s und Audi beim A8 mit einer maximalen Übertragungsrate von 21,2 MBit/s arbeiten. Im Lexus setzt Toyota einen MOST-50-Bus ein, welcher mit einer Datenübertragungsrate bis zu 50 MBit/s arbeiten kann. Neuere Systeme sollen bis zu 150 MBit/s übertragen können.

Beim MOST-Bus handelt es sich um eine Weiterentwicklung aus dem D2B-Bus, welcher häufig bei Mercedes eingesetzt wurde. Mittlerweile kümmert sich eine MOST-Cooperation (www.mostcooperation.com) um die Entwicklung des Systems. Diesem Konsortium gehören Audi, BMW, Mercedes, Volkswagen, Porsche, Bosch, Vector und viele andere an. Sie erarbeiten gemeinsam die Spezifikationen dieses Bussystems.

8.1 Vernetzung über Lichtwellenleiter

Der MOST-Bus wird in der Regel in einer Ringvernetzung aufgebaut. Das bedeutet,

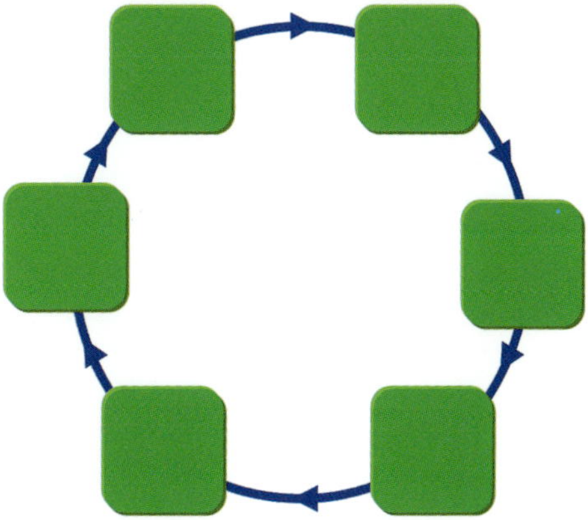

Abbildung 84: ***MOST-Bus in Ringtopologie.***

dass Daten immer so lange von einem Steuergerät zum nächsten geleitet werden, bis sie wieder beim ursprünglichen Sender ankommen. Die Übertragung der Daten erfolgt ausschließlich in eine Richtung. Dabei können bis zu 64 Steuergeräte in einem System miteinander verbunden werden.

Theoretisch kann dieses Bussystem auch in jeder anderen Topologie, sowohl über Kupferleitungen als auch über Lichtwellenleiter, aufgebaut werden. Allerdings hat sich eine ringförmige Vernetzung über Lichtwellenleiter etabliert. Die Datenübertragung über Lichtwellenleiter hat den Vorteil, dass elektromagnetische Störgrößen keinen Einfluss auf die Übermittlung der Daten haben. Zudem erzeugt diese Art der Übertragung auch keine Störfelder.

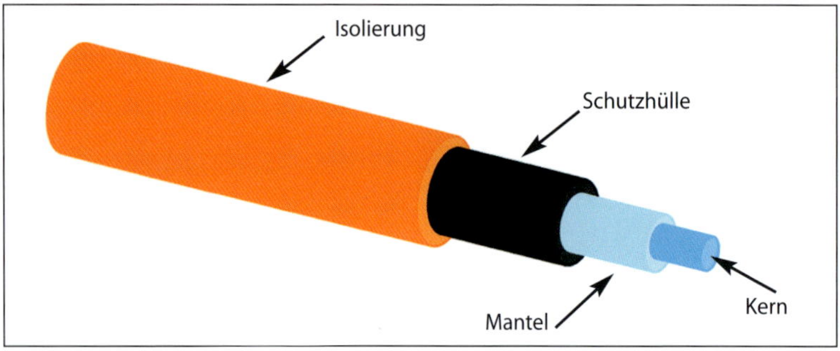

Abbildung 85: ***Aufbau eines Lichtwellenleiters.***

Die Übertragung erfolgt über Lichtsignale, die von einem Steuergerät zum anderen übermittelt werden. In Kraftfahrzeugen eingesetzte Lichtwellenleiter bestehen aus Polymerfasern, welche zwar mit möglichen höheren Verlusten bei der Datenübertragung behaftet sind als zum Beispiel Glasfaserleitungen, dafür aber einen geringeren Biegeradius ermöglichen.

Damit die Signale auch auf gebogenen Leitungen übertragen werden können, nutzt man den Effekt der Totalreflexion. Dieser tritt auf, sobald ein Lichtstrahl in einem möglichst flachen Winkel aus einem optisch dichteren Material auf einen optisch dünneren Stoff trifft. Der Kern eines Lichtwellenleiters besteht aus einem lichtdurchlässigen Material. Er wird von

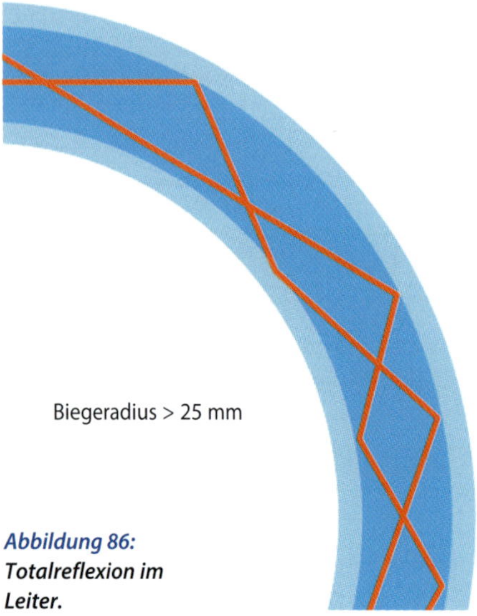

Abbildung 86: ***Totalreflexion im Leiter.***

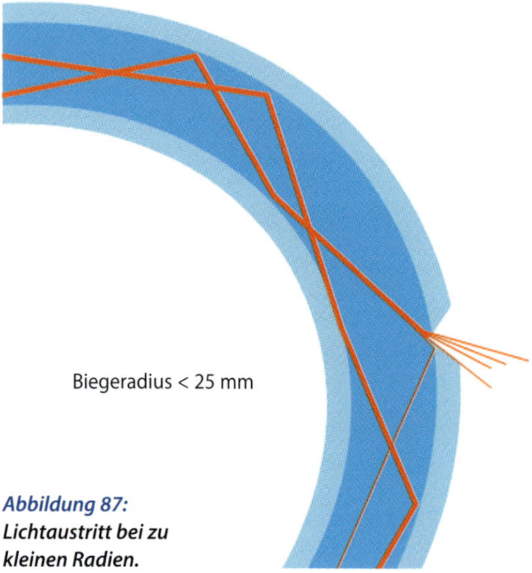

Abbildung 87: ***Lichtaustritt bei zu kleinen Radien.***

einem ebenfalls lichtdurchlässigen Mantel umhüllt, wobei der Kern optisch dichter ist. Um diese beiden durchsichtigen Materialien wird eine Schutzlackierung aufgebracht und auf dieser eine weitere Beschichtung zum Schutz des Kabels. Wird nun von einem Steuergerät Licht auf den Kern gegeben, so breitet sich dieses Lichtsignal in Kabelrichtung aus. Sobald der Leiter eine Biegung aufweist, wird das Licht an der Grenzfläche reflektiert, es kommt zur Totalreflexion. Somit können Biegeradien bis zu 25 mm erreicht werden.

Bei kleineren Radien kann das Material des Leiters beschädigt werden. Zusätzlich wird der Effekt der Totalreflexion aufgehoben, da die Lichtstrahlen nun in einem zu steilen Winkel auf den Übergang zwischen Kern und Mantel treffen. Das Licht kann zum Teil austreten und es kommt zu ‚Dämpfungen' auf der Leitung.

Unter Dämpfung versteht man in diesem Zusammenhang Verluste bei der Lichtübertragung. Diese treten sowohl in den Leitungen als auch an den Steckverbindungen auf. Das Maß für diese Verluste wird ‚Dämpfungsmaß' genannt und in dB angegeben. Das Dämpfungsmaß (A) kann messtechnisch ermittelt oder auch berechnet werden. Kommt bei einer Lichtübertragung das Licht am Empfänger nur noch mit halber Leistung an, so ist die Dämpfung auf der Übertragungsstrecke gleich 3 dB.

Treten an unterschiedlichen Stellen Dämpfungen auf, so werden diese zu einem Gesamtdämpfungsmaß addiert.

$$A = 10 \cdot 1g \frac{Sendeleistung}{Empfangsleistung}$$

$$A_{ges} = A_1 + A_2 + \ldots + A_n$$

Abbildung 88:
Formeln zur Berechnung des Dämpfungsmaßes.

8.2 Aufbau von MOST-Steuergeräten

Steuergeräte im MOST-Bus sind etwas anders aufgebaut als zum Beispiel CAN-Steuergeräte. Dies ergibt sich allein schon daraus, dass die Datenübertragung mit moduliertem Licht erfolgt. Am Dateneingang eines Steuergerätes befindet sich eine Fotodiode und am Ausgang eine Leuchtdiode.

Die Lichtdaten werden von der Fotodiode aufgenommen und zusammen mit dem MOST-Transceiver in elektrische Signale umgewandelt. Diese wiederum werden vom MOST-Controller, falls sie für das Steuergerät relevant sind, an den Mikrocontroller des Steuergeräts weitergegeben und dort verarbeitet. Empfangene Lichtdaten werden immer zuerst in elektrische Signale umgewandelt, auch wenn sie für dieses Steuergerät nicht relevant sind. Zum Senden werden die Daten wieder durch den MOST-Transceiver und einer Sendediode – im Prinzip eine einfache Leuchtdiode – in Licht umgewandelt und zum nächsten Steuergerät gesendet.

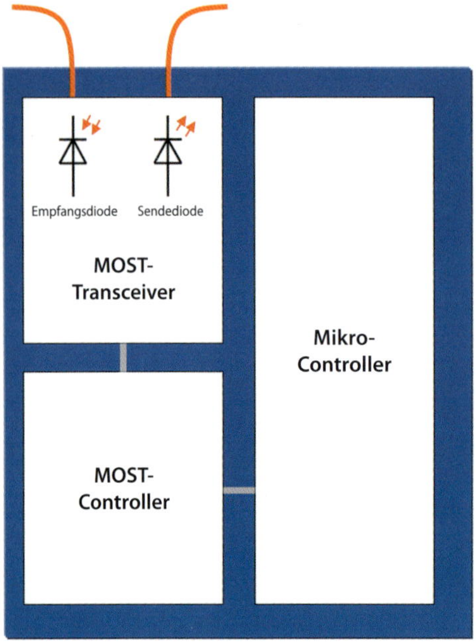

Abbildung 89: ***Aufbau eines MOST-Steuergeräts.***

Dieses Verfahren hat den Vorteil, dass sich Leitungsdämpfungen nicht addieren. Solange ein Steuergerät schwache Lichtsignale lesen und somit in elektrische Signale umwandeln kann, werden diese nach der Verarbeitung wieder mit voller Lichtleistung zum nächsten Steuergerät gesendet. Damit Eingang und Ausgang am Steuergerät nicht vertauscht werden können und damit die Lichtwellenleiter senkrecht auf Ein- und Ausgänge treffen, werden die Leiter für das Eingangs- und Ausgangssignal in einem Stecker zusammengefasst.

8.3 Busmanagement

Im MOST-Bus gibt es unterschiedliche Aufgaben, die durchaus von verschiedenen Steuergeräten übernommen werden. Eine Aufgabe ist zum Beispiel die Systemverwaltung. Dazu gehören das Herunterfahren des Busses sowie die Erzeugung der Taktfrequenz, also die Festlegung der Übertragungsgeschwindigkeit und die Erzeugung der Botschaftsblöcke. Die Diagnose des Systems sowie die Anbindung an andere Bussysteme werden über einen Diagnosemanager bewerkstelligt. Meist übernimmt diese Aufgabe ein Gateway-

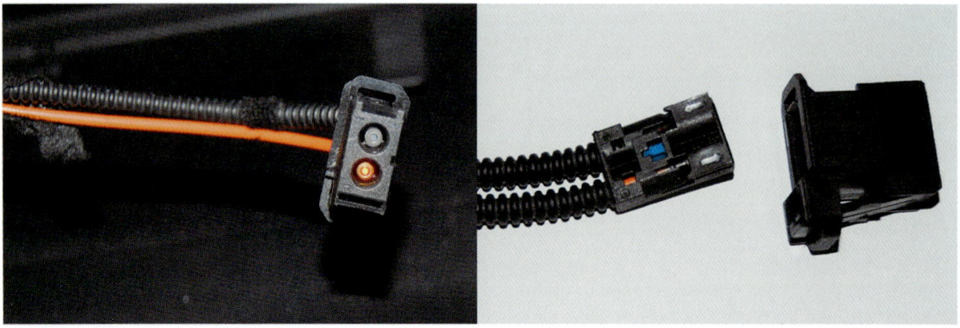

Abbildung 90: ***Steuergerätestecker.***

Steuergerät, während die Systemverwaltung in der Regel durch ein Steuergerät vorgenommen wird, welches nur am MOST-Bus angeschlossen ist. Dieses Steuergerät arbeitet dann als Systemmanager.

Multimaster-/ Master-Slave-System

Ein CAN-Bussystem wird auch als ‚Multimaster'-System bezeichnet, da hier jedes Steuergerät berechtigt ist, Daten auf den Bus zu senden. Beim MOST-Bus handelt es sich um ein ‚Master-Slave'-System. Das bedeutet in diesem Fall, dass ein Steuergerät, der Systemmanager, für das Senden der Botschaften verantwortlich ist. Im MOST-Bus werden immer 16 Botschaften in einem Block zusammengestellt und als Block versendet. Die Größe der Blöcke ist immer gleich. Das bedeutet, dass immer die gleiche Anzahl an Bytes übertragen wird.

Sendet der Master (der Systemmanager) nun einen Botschaftsblock, so existieren für jedes Slave-Steuergerät, also jedes andere Steuergerät im Bus, fest definierte Bereiche innerhalb einer Botschaft, in die es seine Daten schreiben darf. Dieses Verfahren nennt man synchrone Datenübermittlung. Reicht einem Slave der zugewiesene Platz nicht aus, so teilt dieses Steuergerät die Daten auf mehrere Botschaften auf. Dabei handelt es sich um eine asynchrone Datenübertragung. Die kompletten Daten dieses Steuergeräts werden dann vom Empfänger gesammelt und dort zusammengesetzt. Man kann dieses Verfahren mit einem Zug vergleichen. Der Systemmaster schickt quasi einen ‚neuen Zug' los und definiert dabei in welchen Wagon (Botschaft) bestimmte Personen (Slave-Daten) einsteigen dürfen. Auch der Platz innerhalb des Wagons wird zugewiesen. Der ‚Zug' wird immer vom Systemmanager aus gestartet und kommt auch dort wieder an. Achtung: Der ‚Zug' kann nie von sich aus senden, da er nur zu bestimmten Zeiten kommt.

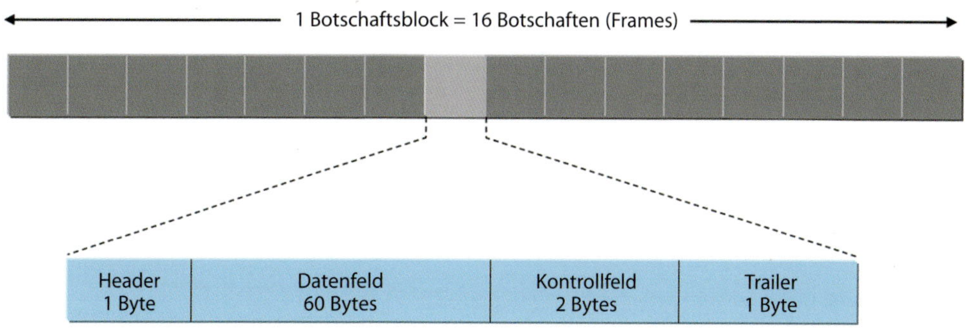

Abbildung 91: MOST-Botschaftsformat.

8.4 Aufbau von MOST-Botschaftsblöcken

Ein Datenblock besteht im MOST immer aus 16 Frames, also aus 16 Botschaften. Die Länge eines Blocks beträgt 363 µs, die einer Botschaft 22,67 µs. Im weit verbreiteten MOST-25 ist eine Botschaft immer 64 Bytes lang, im MOST-50, der zum Beispiel von Toyota im Lexus eingesetzt wird, können in der selben Zeit 128 Bytes übertragen werden. Beim MOST-25 können 60 Bytes, beim MOST-50 117 Bytes an Nutzdaten übertragen werden.

Ein Frame im MOST-25 beginnt immer mit dem Header. Hier werden unter anderem Start der Botschaft, Synchronisationsdaten und zusätzlich Informationen über die Aufteilung der synchronen und asynchronen Datenbereiche übermittelt; im Kontrollfeld entsprechend die Steuerdaten. Der Trailer am Ende der Botschaft liefert weitere Steuer- und Statusinformationen und bietet eine Möglichkeit zur Überprüfung der Daten auf Übertragungsfehler.

8.5 Systemstart

Jeder Teilnehmer des MOST-Bus ist in der Lage den Bus ‚zu wecken'. Ein speziell moduliertes Licht wird zu diesem Zweck an das nächste Steuergerät gesendet. Handelt es sich bei diesem um einen Slave, dann wird dieses Signal einfach weitergeleitet. Sobald das Signal beim Systemmanager ankommt, sendet dieser ein moduliertes ‚Mastersignal'. Dieses wird von allen Steuergeräten am Bus gelesen und ebenfalls weitergeleitet. Sobald das Signal wieder beim Master ankommt weiß dieser, dass alle Teilnehmer am Bus ‚wach' sind und beginnt mit der Datenübertragung.

8.6 Systemabschaltung

Soll der Bus abgeschaltet werden, sendet der Systemmanager ein hierfür moduliertes Signal, welches den Busteilnehmern das Abschalten des Busses ankündigt. Anschließend wartet der Systemmanager eine gewisse Zeit, in der die Steuergeräte das Abschalten vorbereiten können, bevor er die Datenübertragung einstellt. Die Busteilnehmer reagieren auf das Ausbleiben der Lichtsignale, indem sie in den ‚Sleep-Mode' gehen.

8.7 Fehlersuche im MOST-Bus am Beispiel des Audi A8

In Kraftfahrzeugen ist der MOST-Bus ringförmig aufgebaut. Da die Datenübertragung immer nur in einer Richtung verläuft, ist keine Kommunikation mehr möglich, sobald der Bus an einer Stelle unterbrochen wird. In diesem Fall müssten nun sämtliche Busleitungen und MOST-Steuergeräte im Bus freigelegt und untersucht werden, da die Diagnose dieser Steuergeräte über den MOST-Bus erfolgt. Um dies zu umgehen, wird zusätzlich zum optischen Bus zu jedem Teilnehmer noch eine Kupferleitung gelegt. Diese Leitungen werden miteinander verbunden und bilden so eine sternförmige Vernetzung.

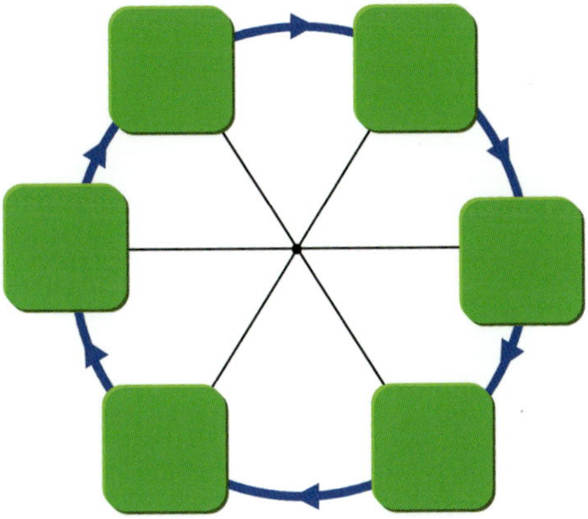

Abbildung 92: ***Leitungen zur Ringbruchdiagnose.***

Über diese Kupferleitungen erfolgt die sogenannte ,Ringbruchdiagnose', welche durch einen Fahrzeugsystemtester durchgeführt werden kann. Eine Eigendiagnose ist dabei ebenso wenig möglich, wie das Auslesen der Fehlerspeicher einzelner Busteilnehmer. Es wird lediglich geprüft, ob ein Steuergerät elektrisch in Ordnung ist. Ist die Spannungsversorgung gegeben und die Diagnoseleitung vorhanden beziehungsweise kann das Steuergerät optische Signale empfangen? Liegt eine Unterbrechung im Ring vor, so kann mit dem Fahrzeugsystemtester über den Diagnosemanager des MOST-Busses die sogenannte Ringbruchdiagnose durchgeführt werden.

Auf den Kupferleitungen liegt eine Spannung von ungefähren 12 V an. Wird über den Tester eine Ringbruchdiagnose angestoßen, so legt der Diagnosemanager diese für mehrere Sekunden auf annähernd 0 V. Die angeschlossenen Steuergeräte bereiten sich in dieser Zeit auf die Diagnose vor. Nach circa 10 bis 15 Sekunden gibt der Diagnosemanager den Befehl zur Ringbruchdiagnose. Die Steuergeräte sind nun aufgefordert, ihre elektrische Spannungsversorgung zu überprüfen, senden gleichzeitig ein einfaches Lichtsignal aus und überprüfen ob sie an ihrem Eingang ein Lichtsignal messen. Danach sendet jedes Steuergerät nach einer festgelegten Zeitspanne ein Signal zurück. Anhand der Antwort kann der Systemmanager erkennen, ob ein Steuergerät

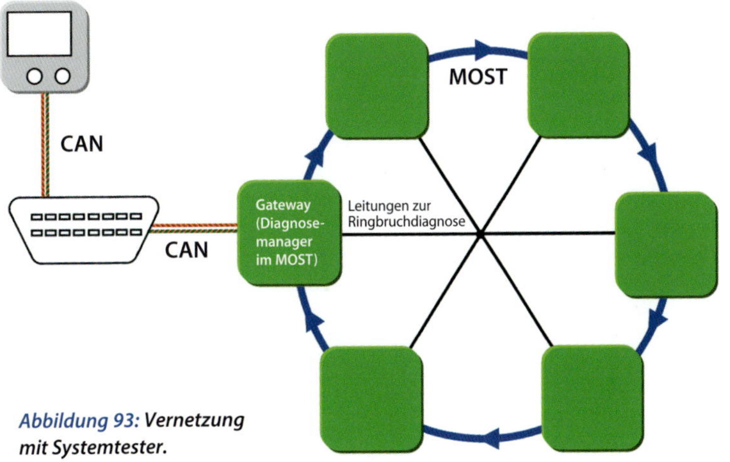

Abbildung 93: ***Vernetzung mit Systemtester.***

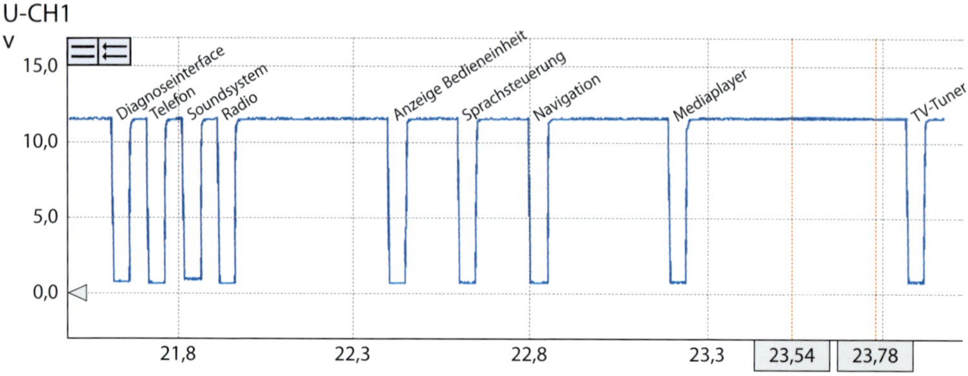

Abbildung 94: ***Antworten der Steuergeräte (Gutbild).***

elektrisch in Ordnung ist und ob es an seinem Eingang ein Lichtsignal empfangen hat.

Nach der Aufforderung zur Ringbruchdiagnose legt der Diagnosemanager die Leitung wieder auf ungefähre 12 V. Die Steuergeräte sind nun aufgefordert, zu einem ganz genau festgelegten Zeitpunkt ihre Antwort zu schicken.

In Bild 96 auf Seite 107 ist zu erkennen, dass das Steuergerät ‚Anzeige Bedieneinheit' keine Rückmeldung gibt. Daraus kann der Diagnosemanager schließen, dass bei diesem Steuergerät ein elektrischer Fehler vorliegt. Dies könnte bedeuten, dass die Spannungsversorgung des Steuergeräts nicht in Ordnung ist oder auch dass dieses Steuergerät die Auffor-

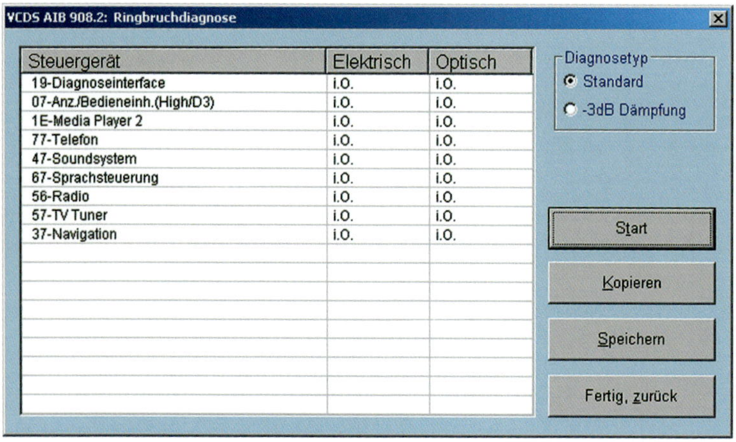

Abbildung 95: ***Anzeige im Diagnosetester.***

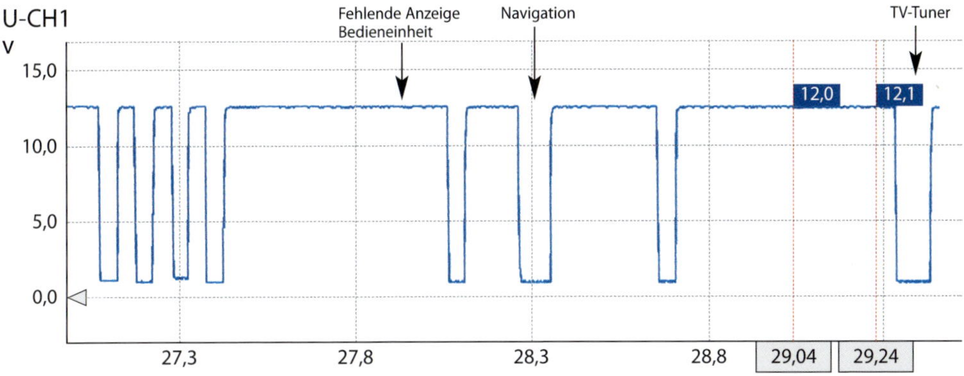

Abbildung 96: ***Rückmeldungen mit Fehler.***

derung zur Ringbruchdiagnose nicht erhalten hat. In diesem Fall müsste die Diagnoseleitung geprüft werden. Die Rückmeldungen des Navigationssteuergeräts und des TV-Tuners sind ‚breiter' als die anderen. Daraus kann der Diagnosemanager erkennen, dass diese beiden Steuergeräte einen optischen Fehler melden.

Wenn ein Steuergerät einen optischen Fehler meldet, bedeutet dies, dass an dem optischen Eingang des Steuergeräts kein Licht angekommen ist. Da alle Steuergeräte aufgefordert waren, ein Lichtsignal zu senden, könnte es nun sein, dass das Steuergerät vor dem TV-Tuner das Licht nicht senden konnte. Es liegt womöglich ein Fehler in der Sendeeinheit vor, die Leitung

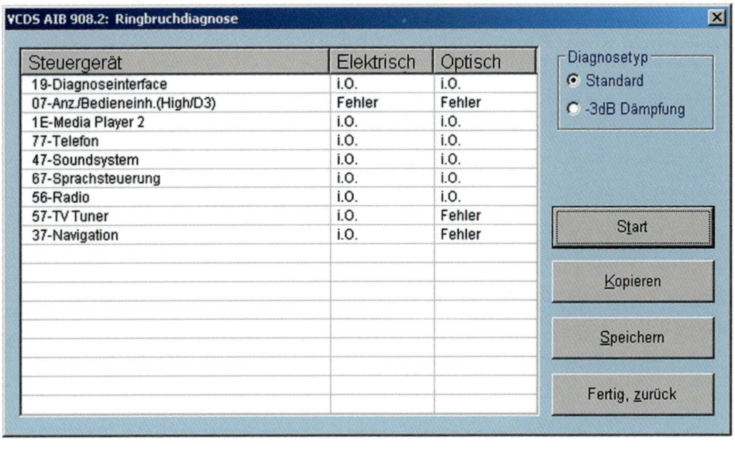

Abbildung 97:
Anzeige der Fehler im Diagnosetester.

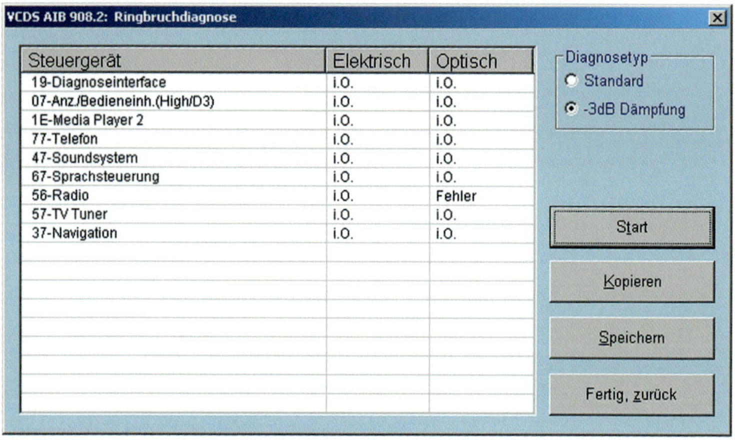

***Abbildung 98:* Ringbruchdiagnose mit halber Lichtleistung.**

zwischen diesem Steuergerät und dem TV-Tuner ist fehlerhaft oder es handelt sich um einen Fehler im Eingang des TV-Tuners.

Die Ursache für sporadische Fehler könnte darin liegen, dass die Dämpfung auf der Verbindung zwischen zwei Steuergeräten zu hoch ist. Um dies zu erfassen, kann der Diagnosemanager die Ringbruchdiagnose noch auf eine weitere Art durchführen. In der Aufforderung zur Ringbruchdiagnose teilt er dann den angeschlossenen Steuergeräten mit, dass der optische Test mit der halben Lichtleistung durchgeführt werden soll. Das bedeutet, dass alle Steuergeräte ein schwächeres Licht aussenden. Wird dieses Licht von dem jeweils nächsten Steuergerät erkannt, ist die Dämpfung auf dieser Verbindung in Ordnung. Kann ein Steuergerät das für ihn bestimmte Lichtsignal nicht mehr erfassen, so ist die Dämpfung auf der optischen Verbindung zu diesem Steuergerät zu hoch.

Im Bild oben meldet das Radio einen optischen Fehler bei Diagnose mit 3 dB Dämpfung. Dies bedeutet, dass sämtliche Verbindungen, die zum Radio führen, also der Stecker am Radio, der Lichtwellenleiter und die Stecker am Steuergerät, welches vor dem Radio im Ring angeschlossen ist, untersucht werden müssen.

Fazit

Auf den ersten Blick erscheint der MOST-Bus ein sehr kostspieliges System zu sein. Vor allem aber wenn Bilddaten in Fahrzeugen übertragen werden müssen, kommt man an diesem Bussystem nicht vorbei. Alternativ ist es möglich, diese Daten auch über Kupferleitungen zu senden. Allerdings benötigte man dafür wesentlich mehr Leitungen. Somit wäre diese eher konventionelle Lösung wesentlich schwerer und im Endeffekt auch teurer zu realisieren.

Allerdings wartet der MOST mit einigen deutlichen Vorteilen auf: Lichtwellenleiter sind unempfindlich gegenüber elektromagnetischen Störungen und erzeugen auch keine. Der MOST-Bus ist ferner ein sehr sicheres System und lässt sich einfach diagnostizieren. Darüber hinaus kann eine große Datenmenge mit einer sehr hohen Geschwindigkeit übertragen werden. Und auch wenn im Flexray ähnliche Datenübertragungsraten wie beispielsweise beim MOST-25 realisiert werden, so ist der MOST im Vergleich zu diesem System momentan noch wesentlich günstiger. Zudem werden im MOST-150 Übertragungsraten bis zu 150 MBit/s möglich.

9. X-by-wire

Ein großer Vorteil, den vernetzte Systeme mit sich bringen, besteht darin, dass Funktionen auf kleine Teilfunktionen aufgeteilt werden können. In aktuellen Fahrzeugen wird hiermit unter anderem die Blinkersteuerung realisiert. Setzt der Fahrer den Blinkhebel, so gibt dieser ein Signal an ein Steuergerät, welches sich an der Lenksäule befindet. Dieses wiederum sendet auf dem Bus, dass eine Blinkeranforderung vorliegt. Sämtliche Steuergeräte im System erhalten nun diese Botschaft. Zum Blinken wird die Botschaft von einem Steuergerät zum Ansteuern der Aktoren (Bordnetzsteuergerät, Signalansteuerungsmodul oder Ähnliches) aufgenommen und durch Ansteuern der Lampen umgesetzt. Da die Spiegelblinker in der Regel durch ein Türsteuergerät angesteuert werden, wird die Botschaft auch von diesem aufgenommen und umgesetzt. Beim Blinkvorgang sollte dieser allerdings auch mittels einer Lampe im Kombiinstrument angezeigt werden. Da es sich dabei meist um ein anderes System handelt, wird die ursprüngliche Botschaft im Gateway für das andere System übersetzt und vom Kombiinstrument umgesetzt. Und da man es seit Jahrzehnten gewohnt war, dass beim Blinken das Blinkrelais klackt, wird dieses Geräusch im Soundprozessor der Anzeigeeinheit generiert, denn ein Relais wird zum Blinken nicht mehr benötigt. Durch das Aufteilen von Funktionen auf Teilsysteme, die voneinander gekapselt und nur durch Bussysteme miteinander verbunden sind, vereinfacht sich das Nachrüsten beziehungsweise das Aufrüsten des Fahrzeugs. Auch die Fehlersuche wird vereinfacht, so lange man strategisch vorgeht.

Das Prinzip der verteilten Funktionen lässt sich beliebig weiterdenken. X-by-wire heißt das Stichwort. Es bedeutet so viel wie ‚eine beliebige Funktion ausschließlich über elektrische Leitungen realisieren'. Beispiele dafür, in denen dies zum Teil schon umgesetzt wird, gibt es auch in aktuellen Fahrzeugen. Die elektrohydraulische oder elektromechanische Bremse wird bereits in Fahrzeugen eingesetzt. Und während bei der elektrohydraulischen Bremse noch Hydraulikleitungen vorhanden sind, wird mit einer elektromechanischen Bremse ein echtes ‚Break-by-wire'-System umgesetzt. Eine mechanische Rückfallebene entfällt.

Das System wird weniger störanfällig und arbeitet mit geringerem Verschleiß. Vor allem aber kann hiermit schneller und gezielter in den Bremsvorgang eingegriffen werden, was eine erhöhte Sicherheit zur Folge hat. Ein ABS-Stottern, welches erwiesenermaßen die Fahrer unter Umständen dazu bringt, den Bremsdruck zu lösen, entfällt vollständig. Und auch wenn es einige Probleme mit der Einführung der elektrohydraulischen Bremse gab, so ist der Einzug eines echten ‚Break-

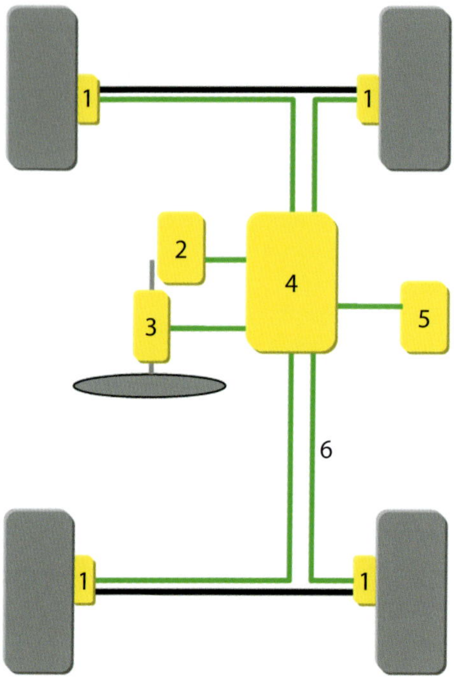

Abbildung 99: ***Prinzipschaltung einer elektromechanischen Bremse: 1. Radbremsmodul, 2. Pedalmodul, 3. Lenkwinkelsensor, 4. Bremsmodul, 5. Querbeschleunigungssensor, 6. FlexRay-Leitungspaare.***

by-wire' in die Fahrzeugentwicklung nicht mehr aufzuhalten.

Ein weiteres System, welches in Kraftfahrzeugen Einzug halten wird, findet in der Formel-1 schon Anwendung. ‚Shift-by-wire' bedeutet das Schalten durch elektrische Impulse, also durch Signale, die wiederum Stellmotoren ansteuern, welche den mechanischen Gangwechsel vornehmen. Hierdurch lassen sich zum Beispiel Schaltwippen am Lenkrad nach dem Vorbild der Rennboliden realisieren.

‚Steer-by-wire', also Systeme bei denen die Lenkung gänzlich auf mechanische Komponenten verzichtet, finden sich bis heute nur in Modellfahrzeugen und -versuchen. Die Vorteile eines echten ‚Steer-by-wire'-Systems liegen darin, dass zum einen das gesamte Lenksystem kleiner ausfallen könnte. Durch den Wegfall der Lenksäule ergeben sich neue Möglichkeiten bei der Anordnung des Motorraums und der Fahrgastzelle. Eine Verletzungsgefahr durch die Lenksäule entfällt. Die Funktion des ESP könnte durch einen aktiven Eingriff in die Lenkung erweitert werden. Allerdings wäre das Fahrzeug, sollte komplett auf eine mechanische Rückfallebene verzichtet werden, bei einem Systemausfall nicht mehr lenkbar.

X-by-wire-Systeme müssen ausfallsicher sein, jedes einzelne System muss redundant aufgebaut werden. Die Daten der einzelnen Sensoren müssen in Echtzeit aufgenommen, die der Aktoren in Echtzeit übertragen werden. Um dies zu gewährleisten wurde ‚FlexRay' entwickelt, ein Bussystem mit einer sehr hohen Datenübertragungsrate, in dem die Informationen redundant über zwei Kanäle übertragen werden können.

10. FlexRay

Für den Einsatz überwiegend in passiven Sicherheitssystemen (Airbags und Gurtstraffer) entwickelte BMW das Bussystem ‚Byteflight'. Dieses System, in dem die Daten ähnlich wie beim MOST-Bus über Lichtwellenleiter übertragen werden, zeichnet sich durch eine höhere Datenübertragungsgeschwindigkeit und gesteigerte Sicherheit gegenüber elektromagnetischen Einflüssen aus. Byteflight hat aber wie alle optischen Systeme den Nachteil, dass es kostspieliger ist und bei der Verlegung der Leitungen stark auf die Verlegeradien geachtet werden muss.

Basierend auf den Erfahrungen, die BMW mit dem oben genannten System gemacht hat und den Erfahrungen von Mercedes bei der Entwicklung von Prototypen-Anwendungen, entstand das Bussystem ‚FlexRay'. Um einen einheitlichen Standard zu gewährleisten, haben sich ähnlich wie bei der Entwicklung des LIN-Busses Firmen zu einem Konsortium zusammengeschlossen, welches die Spezifikationen für FlexRay erarbeitet. Unter diesen Firmen finden sich sowohl namhafte Automobilhersteller wie zum Beispiel Mercedes, BMW, Volkswagen oder

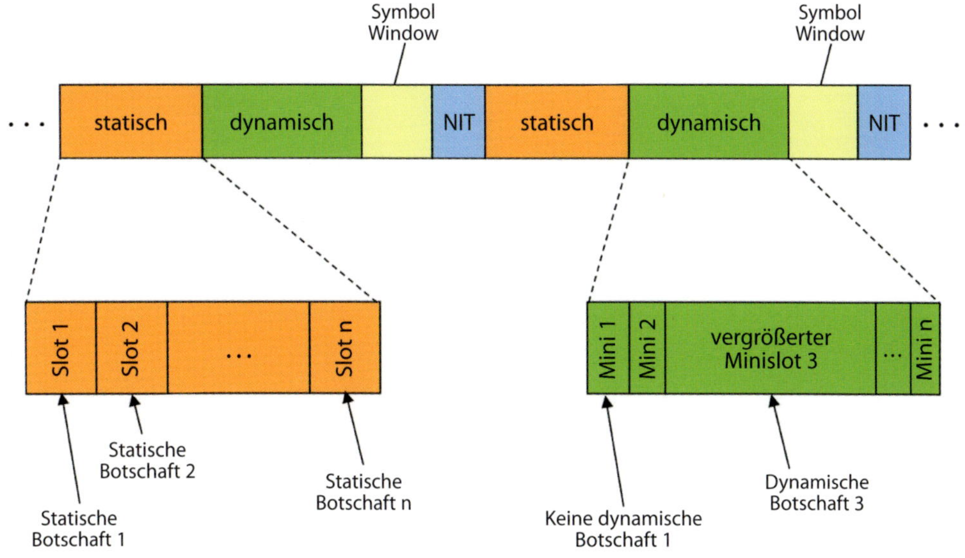

Abbildung 100: Datenübertragung im FlexRay.

auch General Motors als auch Zuliefererfirmen wie Freescale Semiconductor oder Philips. Ziel des Konsortiums ist es, einen Standard für ein Bussystem zu schaffen, welche die Anforderung erfüllt, die beliebige X-by-wire-Systeme an die Datenübertragung stellen:

- redundante Übertragung
- hohe Datenübertragungsrate (Echtzeitanforderung)
- große Übertragungssicherheit.

FlexRay erfüllt diese Anforderungen und wird sich sowohl für passive als auch für aktive Sicherheitssysteme als Standard etablieren.

Vorteil von FlexRay

Der große Vorteil von FlexRay gegenüber einem System wie Byteflight besteht darin, dass die Daten über herkömmliche Kupferleitungen übertragen werden können. Somit können die Kosten geringer gehalten werden und die Verlegung der Leitungen kann mit engeren Radien erfolgen. Ähnlich wie beim CAN-Bus werden auch bei FlexRay Twisted-Pair-Leitungen verwendet, das heißt jeweils zwei Kupferleitungen, die miteinander verdrillt sind. Da eine Anforderung an das System die Redundanz in der Datenübertragung ist, können die Daten im FlexRay über zwei getrennte Kanäle übertragen werden. Jedem Kanal stehen zwei Twisted-Pair-Leitungen zur Verfügung, mit jeweils einer möglichen Datenübertragungsrate von 10 MBit/s. Bei Zusammenfassung der Kanäle ist somit theoretisch eine Übertragungsgeschwindigkeit von bis zu 20 MBit/s möglich. Allerdings wäre in diesem Fall das System nicht mehr redundant aufgebaut.

10.1 Kommunikationszyklus

Anders als im CAN-Bus, in dem jeder Teilnehmer zu jeder Zeit senden darf, wird die Datenübertragung im FlexRay in fest vorgeschriebenen Kommunikationszyklen organisiert. Die Zyklen wiederholen sich periodisch. Dies bedeutet, dass jede Botschaft eine feste Zeit zugeordnet bekommt, in der sie auf den Bus gesendet werden darf. Somit erscheinen wiederkehrende Botschaften immer zur selben Zeit.

Abbildung 100 zeigt einen kompletten Zyklus. Der Ablauf der Botschaften auf dem Bus erfolgt immer nach diesem Schema.

Ein Übertragungszyklus beginnt stets mit einem statischen Segment. In diesem werden Botschaften gesendet, die periodisch, also immer wiederkehrend gesendet werden sollen. Die Reihenfolge dieser Botschaften ist festgelegt, sodass jeder Busteilnehmer weiß, wann eine bestimmte Botschaft gesendet werden darf. Zusätzlich zu den periodischen Botschaften gibt es auch welche, die nur gesendet werden sollen, falls ein bestimmtes Ereignis eintritt. Für diese Botschaften folgt im Zyklus eine Phase, die dynamisches Segment genannt wird. Innerhalb dieser Phase können Botschaften nach Bedarf gesendet werden. Allerdings auch nur in einer bestimmten Reihenfolge. Jede Botschaft, die nach Bedarf übertragen werden könnte, bekommt in dem dynamischen Segment ein sogenanntes Minislot zugewiesen. Innerhalb dieses kleinen Zeitfensters darf die Sendung der Botschaft gestartet werden. Das Minislot ist wesentlich kürzer als eine komplette Botschaft. Fängt ein Steuergerät an, innerhalb der zugewiesenen Zeit die dynamische Botschaft zu senden, wird das Fenster automatisch erweitert. Sobald die Sendung abgeschlossen wurde, erhalten die Busteilnehmer wieder die Möglichkeit, in den folgenden Minislots weitere dynamische Botschaften zu senden. Nach den Minislots folgt das Symbol Windows und dann der Buswächter. In jedem Steuergerät gibt es zwei Bus-Guardians, die den Zugriff auf den Bus für einen einzelnen Kanal überwachen und steuern. Und da sich im FlexRay alle Teilnehmer auf eine Zeit einstellen müssen, wird zum Abschluss eines Zyklus eine Uhrensynchronisation aller angeschlossenen Teilnehmer durchgeführt. Dies geschieht in der NIT (Network-Idle-Time). Sobald ein Zyklus beendet wurde, beginnt ein neuer, in dem wieder die statischen Botschaften zuerst gesendet werden.

10.2 Datenprotokoll

Wie in jedem anderen vernetzten System ist die Reihenfolge der einzelnen Bits, also das Datenprotokoll auch im FlexRay festgelegt. Eine FlexRay-Botschaft sowohl aus dem statischen als auch aus dem dynamischen Segment setzt sich immer aus drei Bereichen zusammen: dem Header, der Payload und dem Trailer.

Im Header wird unter anderem die 11 Bit lange ID der Botschaft übermittelt. Zusätzlich wird noch die Länge der Daten und eine Header-Checksumme übertragen. Das sogenannte ‚Cycle-Feld' kann als Zykluszähler verwendet werden. In der ‚Payload' finden sich die Daten wieder. Der ‚Trailer' dient zur Verifizierung der gesendeten Daten. Hier wird ein ähnliches Verfahren angewendet wie beim CAN-Bus, nur dass aufgrund der höheren Datenmenge das CRC (Cyclic-Redundancy-Check) 24 Bit lang ist.

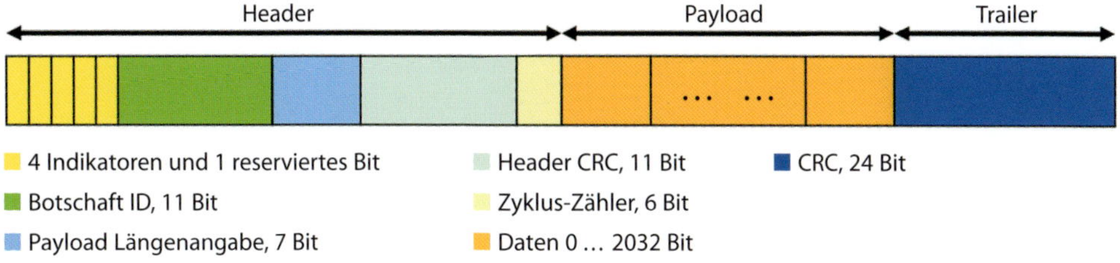

Abbildung 101: FlexRay-Botschaftsprotokoll.

10.3 Topologie

Prinzipiell kann ein FlexRay-Bus auf jede herkömmliche Art vernetzt werden. Es bleibt abzuwarten, wie der flächendeckende Einsatz im Fahrzeug realisiert wird. Da sich auch im CAN-Bus die Sterntopologie mit passiven Sternpunkten, also die direkte Zusammenführung der Busenden etabliert hat, ist anzunehmen, dass eine sternförmige Vernetzung auch im FlexRay angewendet wird. Da es aber unwahrscheinlich ist, dass der FlexRay kurzfristig sämtliche CAN-Systeme ablöst, ist es hier auch aufgrund der besseren Diagnosefähigkeit denkbar, dass aktive Sternpunkte, also Steuergeräte als Sternpunkt zum Einsatz kommen. Diese könnten gleichzeitig die Gateway-Funktion zwischen CAN und FlexRay übernehmen.

10.4 Aufbau der Busteilnehmer

Da eine Anforderung des FlexRay darin besteht, dass eine Redundanz möglich sein soll, werden auch einige Komponenten der Teilnehmer redundant, also doppelt ausgeführt. Zusätzlich zum eigentlichen Prozessor des Steuergeräts verfügen FlexRay-Steuergeräte über einen Host, einen Kommunikationscontroller, einen Buswächter und einen Bustreiber.

Zur Gewährleistung der Redundanz werden Buswächter und Bustreiber separat und doppelt aufgebaut. Der Host unterstützt den Prozessor des Steuergeräts und informiert den Buswächter, welche Zeitfenster dem Steuergerät zugeordnet wurden. Der Kommunikationscontroller steuert die Kommunikation, er sendet die Daten an den Bustreiber, welcher diese dann elektrisch aufbereitet und auf den Bus sendet. Der Buswächter gibt dem Controller hierfür die Freigabe. Er überwacht das System so, dass dieses nur in den genehmigten Fenstern senden kann.

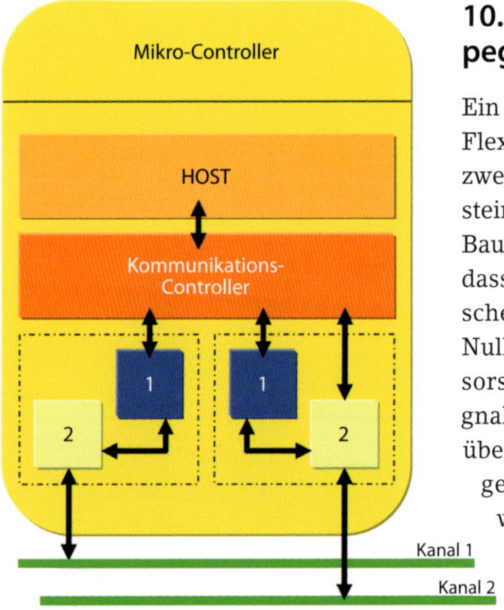

Abbildung 102: ***Aufbau eines FlexRay-Steuergeräts: 1. Buswächter, 2. Bustreiber.***

10.5 Spannungspegel im FlexRay

Ein Busteilnehmer im FlexRay verfügt über zwei Bustreiberbausteine. Jeder einzelne Baustein sorgt dafür, dass aus den logischen Einsen und Nullen des Prozessors Spannungssignale werden, die über die Busleitungen übertragen werden können. Da die Übertragung über zwei Kanäle erfolgt, verfügt also jedes Steuergerät über zwei mal zwei verdrillte Datenleitungen. Sollen sich die beiden Kanäle gegenseitig absichern, müssen auf beiden Kanälen, also auf jeweils einem Leitungspaar dieselben Signale übertragen werden. Eine Leitung eines Kanals wird Plus und eine Minus, entsprechend werden die Spannungen U_{Plus} und U_{Minus} genannt. Dies gilt für jeden Übertragungskanal. Kanal 1 und Kanal 2 verfügen dementsprechend jeweils über eine Leitung auf der die Signalspannungen U_{Plus} und U_{Minus} übertragen werden. Ähnlich wie im CAN-High-Speed-Bus liegt der rezessive Pegel im FlexRay auf 2,5 V.

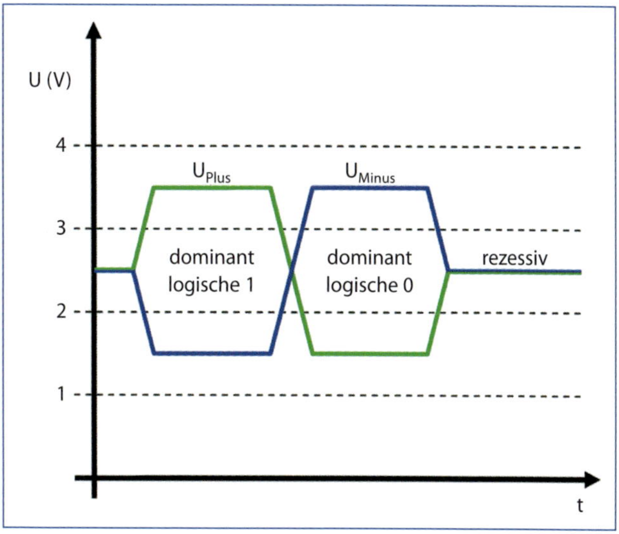

Abbildung 103: ***Spannungspegel im FlexRay.***

Zur Auswertung der Signale und somit zur Eliminierung externer Störungen wird auch im FlexRay eine Differenz aus den beiden Busleitungssignalen gebildet. Allerdings wird dem rezessiven Pegel kein logischer Zustand zugeordnet. Sowohl für die logische Eins, als auch für die logische Null gibt es einen dominanten Zustand. Die logische Zuordnung erfolgt durch die Differenzbildung aus U_{Plus} und U_{Minus}. Ergibt die Subtraktion aus $U_{Plus} - U_{Minus}$ ungefähr 2 V, so wird dieser Spannungsdifferenz der logische Pegel Eins zugeordnet. Ergibt die Subtraktion ungefähr –2 V, erkennt der Bustreiber eine logische Null.

Dieses Differenzsignal wird vom Bustreiber entsprechend der Vorgaben in einen logischen Zustand umgewandelt. Der Kommunikationscontroller im Steuergerät vergleicht die Zustände der beiden Kanäle. Sollte es hier, obwohl die Kanäle redundant genutzt werden sollten, zu Abweichungen kommen, werden diese als Fehler erkannt.

10.6 Datenübertragungsgeschwindigkeit

In den Diagrammen der Spannungspegel ist ersichtlich, dass ein Bit in einer Zeit von 0,1 µs übertragen wird. Zum Vergleich: Im CAN-High-Speed-Bus mit einer Übertragungsgeschwindigkeit von 500 kBit/s dauert die Übertragung eines Bits 20-mal so lange, dort wird ein Bit innerhalb von 2 µs übertragen. Die Zeit für die Übertragung eines Bits im Low-Speed-Bus (100 kBit/s) beträgt 10 µs. Sie ist somit 100-mal langsamer als im FlexRay.

Daten werden im FlexRay mit einer Übertragungsrate von 10 MBit/s redundant gesendet. Sollte auf die gegenseitig absichernde Funktion der beiden Kanäle verzichtet werden, so ist eine Übertragungsrate von bis zu 20 MBit/s möglich.

10.7 Fehlersuche im System

Die Gestaltung der Fehlersuchstrategie wird sich aus der Architektur des Systems und der Programmierung der einzelnen Steuergeräte ergeben. Werden aktive Verbindungsknoten, also Steuergeräte als Verbindungsknoten verwendet, sollte es je nach Programmierung des Steuergerätes möglich sein, Leitungs- und Übertragungsfehler als solche zu erkennen und zu hinterlegen. In diesem Fall wird zur Fehlerbestimmung und zur -lokalisierung der Systemtester den Zweig anzeigen, in dem sich der Fehler befindet. Die Aufgabe des Mechatronikers bestünde dann darin festzustellen, ob der Zweig, also die Leitungen, oder das entsprechende Steuergerät den Fehler verursachen. Entsprechend der Diagnose müssten dann die Leitungen instand gesetzt beziehungsweise das Steuergerät getauscht werden.

Auch im CAN-Bus wäre die Verbindung der Leitungen über ein Steuergerät als aktiven Sternpunkt möglich, wird hier aber aus Kostengründen kaum realisiert. Es bleibt abzuwarten, wie sich der Einsatz des FlexRay entwickelt. Sollte es tatsächlich den CAN ablösen, wird es mit Sicherheit auf unterschiedliche Systeme aufgeteilt. Und ob in jedem System ein Steuergerät als aktiver Sternpunkt verbaut wird, darf angezweifelt werden. Schließlich arbeitet der FlexRay auch mit passiven Verbindungen. Der Nachteil einer passiven Verbindung besteht darin, dass sich ein Fehler auf das gesamte System auswirkt.

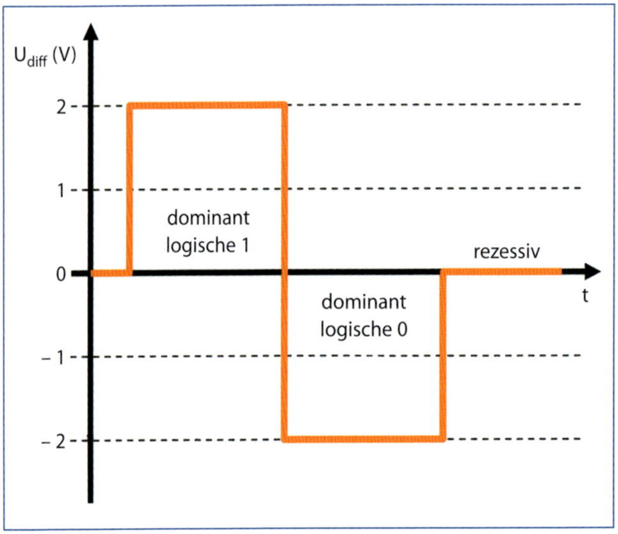

Abbildung 104:
Differenzsignal und Zuordnung der logischen Zustände.

Die Fehlerdiagnose und vor allem die Feststellung des Fehlerorts müssen zielgerichtet und überlegt durchgeführt werden. Ein Durchtauschen der Steuergeräte erzeugt eine hohe Kostenstellung und führt nur dann zum Ziel, wenn sich der Fehler nicht auf einer Leitung befindet. Also ist auch im FlexRay damit zu rechnen, dass Diagnosestrategien notwendig sein werden. Die für den CAN-High beschriebenen werden auch im FlexRay funktionieren.

10.8 FlexRay ist keine Zukunftsvision

Der Ruf nach echten X-by-wire-Systemen wird immer lauter. Sie sind aber nur realisierbar mithilfe eines entsprechenden Übertragungssystems, welches die Daten möglichst in Echtzeit übermittelt und zudem die erforderliche Sicherheit durch eine redundante Auslegung gewährleistet. Somit wird FlexRay mit Sicherheit ein Bussystem der Zukunft werden. Das System ist wesentlich schneller als der CAN-Bus und durch die Übertragung der Informationen über zwei Kanäle auch deutlich sicherer. Ob es den CAN vollends ablösen wird oder ‚nur' als weiteres Bussystem hinzukommt, bleibt abzuwarten. Fakt ist, dass FlexRay bereits heute eingesetzt wird. BMW verbindet im aktuellen Modell X5 das Dynamic-Drive und das System der elektronischen Dämpferkontrolle (EDC) über FlexRay miteinander zum sogenannten ‚Adaptive-Drive'-System. Die von BMW entwickelte Technologie ist erst der Anfang einer neuen Ära aktiver Sicherheitssysteme. Weitere, wie zum Beispiel der aktive, direkte Eingriff in die Lenkung werden folgen.

10.9 FlexRay bei Audi

Audi setzt das Bussystem FlexRay in den aktuellen A8- und A7-Modellen ein. Allerdings nicht, um X-by-wire-Anwendungen zu realisieren. Vielmehr nutzt der Ingolstädter Hersteller die schnellere Datenübertragung des Bussystems im Pre-Safe-Bereich, also in einem System, dass

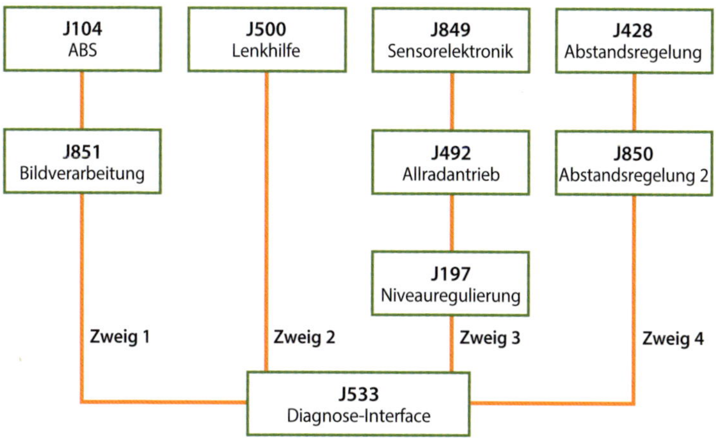

Abbildung 105: ***Bereich Pre-Safe: Vernetzung im A7 Sportback.***

helfen soll, Unfälle zu vermeiden. Vernetzt sind dabei vor allem Steuergeräte für Abstandsregelung, Niveauregulierung, Bildverarbeitung und für das ABS. Als aktiver Sternpunkt und somit auch als Verbindung zwischen den FlexRay-Strängen und den anderen Fahrzeugsystemen fungiert das Diagnose-Interface (Gateway) des Fahrzeugs.

Wake-up und Start-up

Anders als zum Beispiel beim CAN-Bus sorgt beim Audi A7 ein Wake-up-Befehl nicht dafür, dass die Busteilnehmer über den FlexRay miteinander kommunizieren. Sie schalten vielmehr vom Sleep-Mode in einen Standby-Modus. Erst mit einem Start-up-Befehl kann die Kommunikation auf dem Bus beginnen. Audi nennt die Steuergeräte, die einen Start-up setzen können, Kaltstart-Steuergeräte. Hier sind es das Diagnose-Interface, das ABS-Steuergerät und das Steuergerät für Sensorelektronik. Diese Geräte nennt man auch Synchronisierungs-Steuergeräte. Das bedeutet: führt zum Beispiel das Gateway einen Start-up durch, sendet es zunächst mit seiner eigenen Frequenz. Auf diese jetzt schaltet sich ein weiteres Synchronisierungs-Steuergerät hinzu, zum Beispiel das ABS-Steuergerät. Dieses synchronisiert sich nun mit dem Gateway.

Es müssen immer zuerst zwei Kaltstartsteuergeräte miteinander kommunizieren, bevor sich ein anderes hinzuschalten kann. Dieses Verfahren hört sich umständlich an, dient aber der Übertragungssicherheit und läuft in wenigen Mikrosekunden ab.

Spannungspegel

Auch bei Audi liegen die Spannungspegel auf denen, die für den FlexRay vorgegeben sind. Das bedeutet, rezessiv lässt sich eine Spannung von 2,5 V und dominant eine Spannung von 1,5 V beziehungsweise 3,5 V messen. Die Datenübertragungsrate liegt bei 10 MBit/s. Somit ist die Zeit für ein Bit hier 100 ns lang. Der FlexRay ist bei Audi nicht redundant aufgebaut.

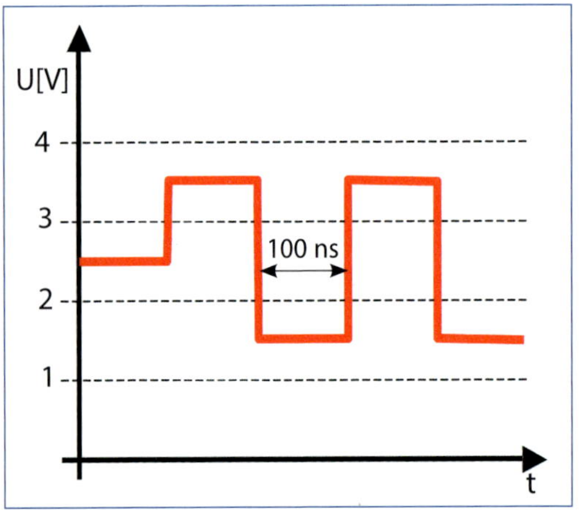

Abbildung 106:
FlexRay: Spannungsverlauf von Bus-Minus.

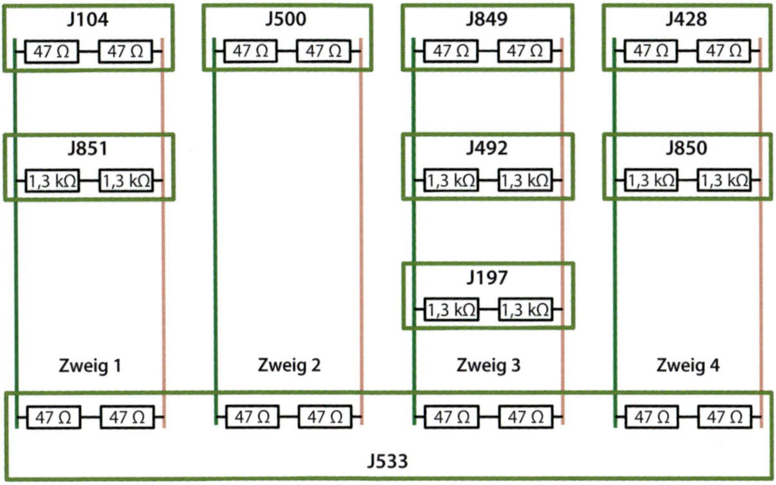

Abbildung 107: ***Topologie: FlexRay bei Audi.***

Fehlerfall und Diagnose

Der FlexRay ist nicht fehlertolerant. Sobald ein Leitungsfehler vorliegt, wird dies vom Diagnose-Interface erkannt, der Strang wird deaktiviert. Im Fehlerspeicher erscheint der Hinweis, dass der Datenbus FlexRay defekt sei. Welcher Fehler an welcher Stelle des Busses genau vorliegt, muss messtechnisch erfasst werden. Auch im FlexRay lässt sich das strategische Vorgehen zur Fehlersuche anwenden. Nachdem der Fehlerspeicher im Gateway angibt, dass ein Strang defekt ist, sollte eine Topologie für diesen Bus erstellt werden.

Die Steuergeräte am Anfang und am Ende des Stranges sind mit geringen Abschlusswiderständen versehen. Genau wie im High-Speed-CAN werden auch im FlexRay Abschlusswiderstände zur Vermeidung von Reflexionen benötigt. Der Gesamtwiderstand liegt hier je nach Hersteller zwischen 44 Ω und 48 Ω. Beim Audi sind es je nach Strang 45,4 Ω, 46,2 Ω oder 47 Ω. Die vorhandenen Mittelsteuergeräte haben einen deutlich höheren Abschlusswiderstand. An diesen befinden sich doppelt so viele Busanschlüsse, da die Busleitung intern durchgeschleift wird. Sollte ein Mittelsteuergerät ausfallen, so könnte der Bus trotzdem weiter arbeiten.

Da der betroffene Strang vom Gateway abgeschaltet wurde, lassen sich keine Sendeversuche auf dem Bus messen. Es ist aber möglich, festzustellen, ob ein Masse- oder Plusschluss vorliegt. Hierfür zieht man am besten den Stecker am Gateway ab und führt eine Spannungsmessung auf beiden Busleitungen durch. Einen Plusschluss misst man, indem das eine Messkabel des Spannungsmessgerätes auf der zu prüfenden Busleitung misst und die andere Leitung mit der Fahrzeugmasse verbunden wird. Sind hier 5 V oder mehr messbar, so liegt ein Plusschluss vor.

Auch ein Masseschluss kann mit einer Spannungsmessung erkannt werden. Hierfür wird das eine Messkabel an den Pluspol der Batterie angeschlossen. Mit dem zweiten Messkabel, dem Minusanschluss des Messgeräts, misst man auf der zu prüfenden Busleitung. Werden hier jetzt annähernd 12 V angezeigt, liegt auf dieser Leitung ein Masseschluss vor.

Auch eine Überprüfung des Busses durch Widerstandsmessung ist gestattet und unter Umständen sinnvoll.

Mithilfe dieser Messungen können Fehler im Abschlusswiderstand oder auch Unterbrechungen der Mittelsteuergeräte erkannt werden. Auch wäre es zulässig, von einer Busleitung eine Widerstandsmessung gegen Masse durchzuführen, um einen Masseschluss zu erkennen. Da der Strang an jedem Teilnehmer aufgetrennt werden kann, lässt sich der Fehler durch Messungen eingrenzen.

Instandsetzung von Leitungen

Die Busleitungen sehen im Prinzip genau so aus, wie beim CAN-Bus. Es gibt auch hier zwei verdrillte Kupferleitungen. Allerdings werden diese Leitungen noch von einem Kunststoffmantel umgeben. Diese Ummantelung dient ausschließlich zum Schutz vor äußeren Einflüssen wie

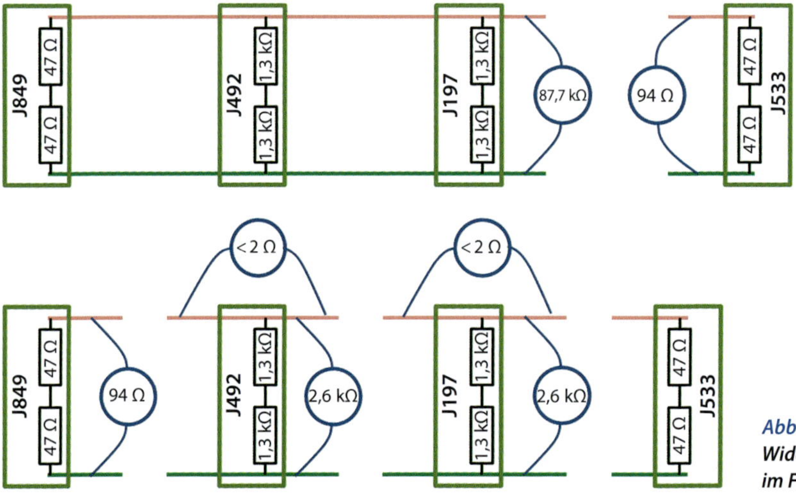

***Abbildung 108:* Widerstandsmessung im FlexRay.**

zum Beispiel vor Öl, Feuchtigkeit, Hitze oder Ähnlichem.

Liegt ein Leitungsfehler vor, so kann dieser genau wie bei einer CAN-Leitung repariert werden. Auch FlexRay-Leitungen können wieder miteinander verbunden oder verlötet werden. Allerdings ist hier besonders darauf zu achten, dass die Verdrillung möglichst nicht aufgehoben wird und zwei Trennstellen von Bus-Minus und Bus-Plus nicht genau gegenüber liegen.

Fazit

Audi verwendet den FlexRay zwar anders, als es ursprünglich vorgesehen war. Der Einbau dieses Busses und sein Einsatzzweck lassen aber darauf schließen, dass der FlexRay in Zukunft vermehrt in Kraftfahrzeugen anzutreffen sein wird. Ob es sich dabei um echte X-by-wire-Systeme handelt oder der Bus ‚nur' in sicherheitsrelevanten Bereichen eingesetzt wird, ist dabei unerheblich. Möglich wäre es auch, mithilfe des FlexRay Bild- und Tondaten zu übertragen. Schließlich hat das System gegenüber dem MOST-Bus einen entscheidenden Vorteil: die Daten werden über Kupferleitungen übertragen.

11. Drahtlose Übertragungssysteme

Bis vor einigen Jahren beschränkten sich drahtlose Übertragungssysteme in Kraftfahrzeugen auf Radiotechnik und CB-Funk. Wobei Letztere nur in speziellen Bereichen zum Einsatz kam. Autotelefone, in Deutschland bereits Mitte der 1980er-Jahre zu haben, waren jedoch nur finanzkräftigen Kunden vorbehalten.

Durch den Siegeszug der Mobiltelefonie und die rasante Weiterentwicklung der Halbleitertechnik kam es zu einer deutlichen Veränderung. Mittlerweile sind in jedem Fahrzeug zwischen zehn und dreißig Antennen zu finden. Die Autos werden über eine Fernbedienung geöffnet, der Reifendruck wird via Funk übermittelt, es gibt Vorrichtungen für Mobiltelefone, die wiederum über Bluetooth mit der Freisprecheinrichtung kommunizieren.

In höchstens zehn Prozent aller Fahrzeuge befindet sich heute noch ein gedruckter Straßenatlas, man benutzt ein Navigationssystem oder einfach ein entsprechendes Programm auf dem Smartphone. Alle diese und unzählige weitere Systeme arbeiten heutzutage drahtlos. Und alle drahtlosen Systeme basieren auf denselben Grundprinzipien. Um die Arbeitsweise zu verstehen, muss man diese Prinzipien kennen.

Funksysteme

Am einfachsten lässt sich das Prinzip der drahtlosen Übertragung am Beispiel eines CB-Funksystems erläutern. Es ist einfach aufgebaut, arbeitet aber im Prinzip genau so, wie ein GSM- (Mobilfunktelefonie) oder ein Bluetooth-System.

Bei einer Funkverbindung geht es im Wesentlichen darum, Sprachnachrichten von einer Person (dem Sender) zu einer

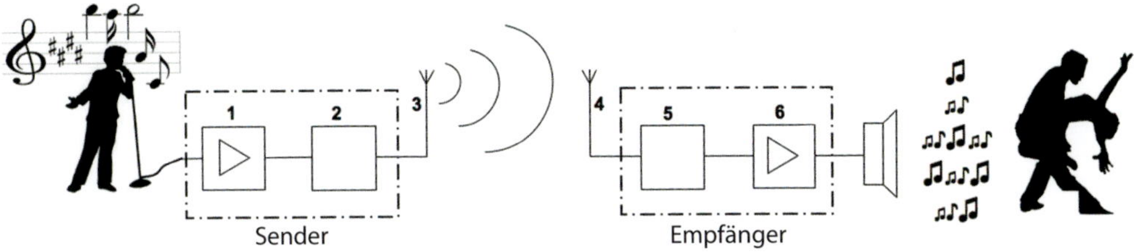

1: Verstärker
2: Modulator
3: Sendeantenne

4: Empfängerantenne
5: Demodulator
6: Verstärker

***Abbildung 109:* Übertragungstechnik: Das akustische Signal wird mehrfach gewandelt.**

anderen Person (dem Empfänger) über eine größere Entfernung zu übermitteln. Theoretisch bräuchte man hierfür eigentlich keine Hilfsmittel. Schließlich kann man sich ja auch mit seinem Nachbarn über der Straße austauschen. Steht der Nachbar weiter entfernt, muss man lauter reden, also eine höhere Energie aufwenden. Sobald sich der Nachbar im nächsten Ort aufhält, wird es schon schwieriger. Die Energie wäre jetzt so hoch, dass wir Hilfsmittel benötigten. Und man stelle sich mal den Lärm vor, wenn alleine sechs Personen von Ort zu Ort schreien würden.

Mit einer Funkverbindung ist dies sehr viel einfacher. Die Verbindung benötigt keine hohe Energie und die Frequenzen liegen außerhalb des hörbaren Bereiches.

Damit das ganze funktionieren kann, müssen die Schallwellen der Sprache, also das Nutzsignal, erst einmal in ein elektrisches Signal umgewandelt werden. Dies geschieht mit einem einfachen Mikrofon. Aus dem Mikrofon erhält man ein sinusförmiges Spannungssignal welches nun verstärkt wird. Dieses Spannungssignal eignet sich allerdings noch nicht dazu, drahtlos übertragen zu werden. Dafür ist die Frequenz zu niedrig. Das Signal bekommt nun einen Träger, ein hochfrequentes Signal. Dieses Trägersignal dient nur dazu, das Sprachsignal von einem Ort zum anderen zu transportieren. Das Aufsetzen des Nutzsignals auf das Trägersignal nennt man Modulation.

Das modulierte elektrische Signal wird auf eine Antenne gegeben. Hier entstehen elektromagnetische Wellen, die sich von der Antenne lösen und im Raum ausbreiten können. Beim Empfänger wiederum wandelt die Antenne diese elektromagnetischen Wellen wieder in ein moduliertes elektrisches Signal um. An dieser Stelle sind immer noch das Trägersignal und das Nutzsignal vermischt. Der Demodulator sorgt nun dafür, dass das hochfrequente Trägersignal herausgefiltert wird und somit nur noch das Nutzsignal übrig bleibt. Ein Lautsprecher gewährleistet dann beim Empfänger, dass das elektrische Nutzsignal wieder in Schallwellen umgewandelt wird. Der Empfänger kann die Nachricht des Senders hören. Grundsätzlich arbeiten alle drahtlosen Übertragungssysteme nach diesem Grundprinzip, nur wird das Nutzsignal nicht immer aus Schallwellen bestehen. Meistens sind es elektrische Signale, Einsen und Nullen, die heutzutage übertragen werden sollen.

Modulationsverfahren

Wie bereits beschrieben, geht es bei der Modulation immer darum, ein Signal zu generieren, dessen Frequenz hoch genug ist, damit es möglichst einfach übertragen werden kann. Dieses modulierte Signal trägt das Nutzsignal mit sich.

> Als Modulation bezeichnet man ein Verfahren, bei dem ein Nutzsignal einem Trägersignal mit einer deutlich höheren Frequenz beaufschlagt wird.

Amplitudenmoduliertes Signal

Es gibt verschiedene Verfahren zur Modulation. Einige werden nachfolgend genauer vorgestellt. Angefangen hat alles mit der Amplitudenmodulation. Bei diesem Verfahren befinden sich die Informationen in der Amplitude (maximale Auslenkung einer sinusförmigen Welle/Wechselgröße) des Trägersignals.

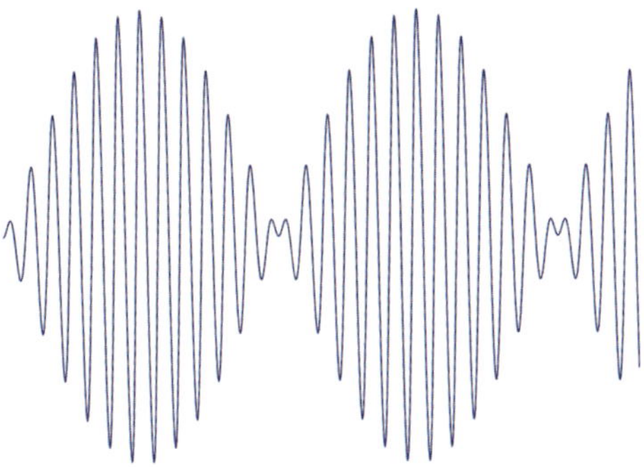

Abbildung 110: ***Eher störanfällig: Amplitudenmoduliertes Signal.***

Dieses Verfahren eignet sich ausschließlich für die analoge Datenübertragung. Der technische Aufbau ist sehr einfach und somit auch äußerst kostengünstig. Allerdings ist dieses Verfahren sehr störanfällig. Störungen in einem elektrischen System machen sich in der Regel in der Oberwelle bemerkbar, also im Prinzip in der Amplitude des Signals. Werden in dieser Amplitude die Informationen untergebracht, so kommt es schnell zu Übertragungsstörungen. Allerdings benötigt ein Amplitudenmoduliertes Signal keine Abweichung von der Trägerfrequenz. Somit kommt das Verfahren bei der Übertragung von niedrigen Trägerfrequenzen zum Einsatz (Kurz-, Mittel- und Langwelle).

Frequenzmoduliertes Signal

Deutlich weniger störanfällig verhält sich ein frequenzmoduliertes Signal. Bei der **Frequenzmodulation** werden sämtliche zu übertragende Informationen ‚in der Frequenz' des Trägersignals untergebracht.

Einem Trägersignal steht hier ein ganzes Frequenzband zur Verfügung. Das bedeutet, es gibt einen zugeordneten festen Frequenzwert. Von diesem Wert kann die Trägerfrequenz jeweils ein bisschen abweichen. Liegt der Wert des Trägersignals bei zum Beispiel 89 MHz, also im UKW-Radio-Bereich, so kann die Frequenz des modulierten Signals zwischen 88,8 MHz und 89,2 MHz jeden Zwischenwert annehmen. Die zu übertragenden Informationen finden sich dann also in den Abweichungen der Frequenz zum eigentlichen Frequenzwert. Mit diesem

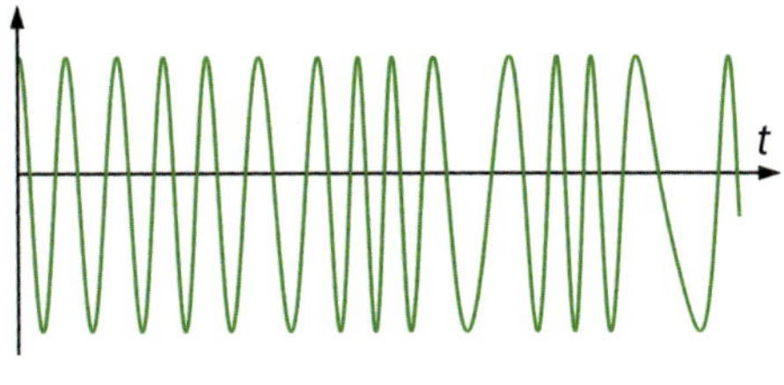

Abbildung 111: ***Weniger störanfällig: Frequenzmoduliertes Signal.***

Verfahren können sowohl digitale als auch analoge Daten übertragen werden.

Bei der Frequenzumtastung handelt es sich um ein spezielles Verfahren der Frequenzmodulation. Auch hier werden die Daten ‚in der Frequenz' hinterlegt. Allerdings gibt es hier kein Frequenzband, sondern vielmehr nur drei feste Frequenzwerte.

Der mittlere Wert legt die Trägerfrequenz fest. Zusätzlich existiert eine zweite Frequenz, die etwas höher als die Trägerfrequenz ist sowie eine dritte, die um denselben Wert niedriger als die Trägerfrequenz ist. Man kann sich dies sehr einfach vorstellen. Die Trägerfrequenz bei einer Bluetooth-Übertragung liegt bei 2440 MHz. Die Deviation, also die Abweichung von der Trägerfrequenz, beträgt bei einem bestimmten Verfahren 250 kHz.

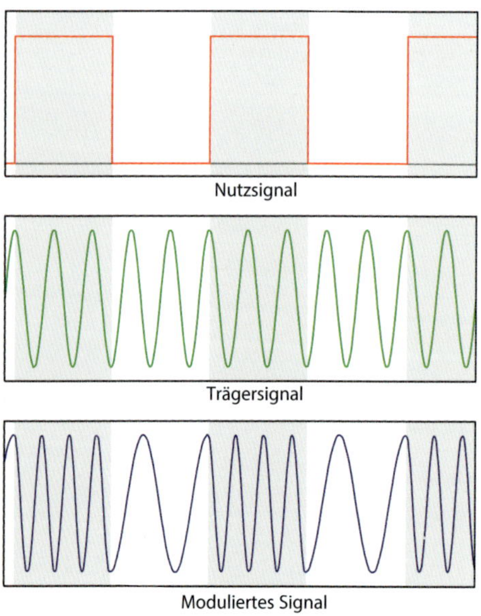

Abbildung 112:
Drei feste Werte: Signal der Frequenzumtastung.

> Unter Deviation wird die Abweichung eines Frequenzwertes von der Trägerfrequenz bezeichnet

Das bedeutet nun für den Empfänger: Ist die Frequenz des empfangenen Signals gleich 2240,25 MHz, so wurde beispielsweise eine logische Eins gesendet. Ist die Frequenz nur noch 2439,75 MHz, so wurde entsprechend eine logische Null gesendet. Dieses Verfahren eignet sich hervorragend zur Übertragung von digitalen Daten und wird unter anderem bei der Mobilfunktelefonie eingesetzt.

Phasenmoduliertes Signal

Auch mit Signalen der Phasenmodulation werden überwiegend digitale Signale übertragen. Anstelle eines Frequenzsprunges, wie bei der Frequenzumtastung, kommt es bei diesem Verfahren zu einem Phasensprung.

Die Datenübertragung geschieht hier durch den Sprung der Phase. Ein Sinussignal ist eigentlich ein kontinuierliches Signal. Immer wenn eine positive Halbwelle gezeichnet ist, kommt eine negative Halbwelle. Wird das Signal so verändert, dass nach der positiven Halbwelle noch eine positive Halbwelle kommt, spricht man

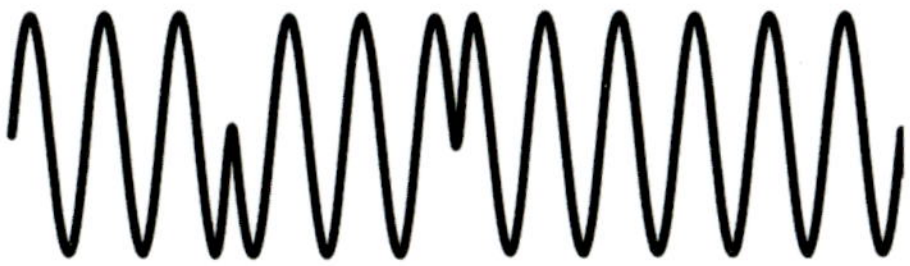

Abbildung 113: ***Positive/negative Halbwelle: Phasensprung bei der Frequenzmodulation.***

von einem Phasensprung. Diesem könnte man nun einer logischen Eins und den Sprung in der negativen Halbwelle einer logischen Null zuordnen. Somit eignet sich auch dieses Verfahren hervorragend zur Übertragung digitaler Daten und wird unter anderem bei schnurlosen Telefonen und Faxgeräten angewendet.

Elektromagnetische Wellen

Entscheidend für eine drahtlose Übertragung ist die Erzeugung von elektromagnetischen Wellen. Nur elektromagnetische Wellen sind in der Lage, sich im freien Raum auszubreiten. Wie der Name schon sagt, besitzen solche Wellen sowohl ein magnetisches als auch ein elektrisches Feld. Erzeugt werden diese Felder mithilfe von Spulen und Kondensatoren.

Fließt durch eine Spule ein Strom, so erzeugt dieser ein Magnetfeld. Angewendet wird dieses Prinzip zum Beispiel in einem Relais. Ein Kondensator ist in der Lage, elektrische Energie über einen längeren Zeitraum zu speichern. Durch das Laden eines Kondensators entsteht ein elektrisches Feld zwischen den Platten.

Um elektromagnetische Wellen zu erzeugen, muss man einen Kondensator und eine Spule zusammenschalten. Werden die beiden parallel geschaltet, nennt man die Schaltung Parallelschwingkreis, werden sie in Reihe geschaltet, entsteht ein Reihenschwingkreis.

Im Nachgang wird der Parallelschwingkreis betrachtet. Die Vorgänge beim Reihenschwingkreis verhalten sich entsprechend.

Parallelschwingkreis

Ein geladener Kondensator besitzt ein elektrisches Feld. Schaltet man diesen geladenen Kondensator nun parallel zu einer Spule, so wird sich der Kondensator über die Spule entladen. Durch den Stromfluss entsteht in der Spule ein Magnetfeld. Sobald der Kondensator entladen ist, fließt kein Strom mehr. Das Magnetfeld der Spule bricht zusammen und es entsteht in der Spule eine Induktionsspannung, die jetzt genau anders herum gerichtet ist. War zuerst Plus am oberen Spulenanschluss so ist das Plus der Induktionsspannung nun am unteren Anschluss. Durch diese Spannung wiederum kann sich der Kondensator aufladen. Allerdings nun auch genau andersherum als zuvor. Sobald die Induktionsspannung aufgebraucht ist, wird der Kondensator nicht weiter geladen. Da an seinen Anschlüssen allerdings eine Spule angeschlossen ist, kann er sich nun wieder entladen. Während des Entladevorgangs fließt wiederum ein Entladestrom durch die Spule, welcher hier wieder ein Magnetfeld erzeugt. Ist der Kondensator entladen, bricht das Magnetfeld zusammen und es entsteht in der Spule wieder eine Induktionsspannung. Dieser Wechsel zwischen elektrischem und magnetischem Feld würde theoretisch unendlich weiter gehen. Durch die jeweiligen Stromflüsse entsteht allerdings Wärme, die sich entsprechend als Verlust bemerkbar macht.

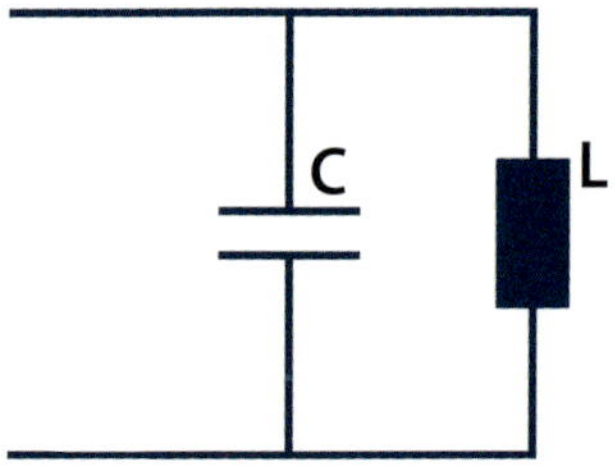

Abbildung 114: ***Parallelschwingkreis: Eine Parallelschaltung aus Spule und Kondensator.***

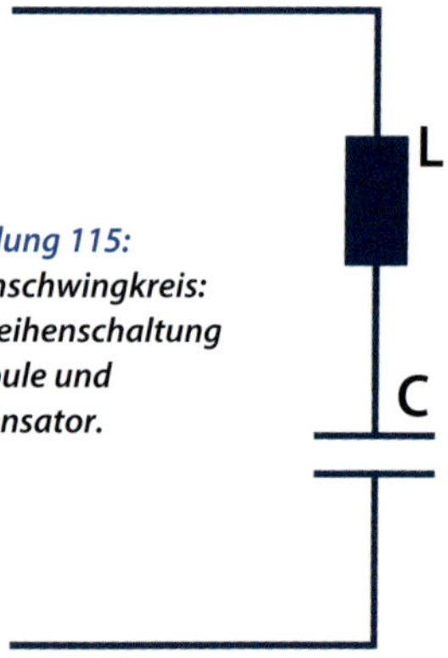

Abbildung 115: ***Reihenschwingkreis: Eine Reihenschaltung aus Spule und Kondensator.***

Fügt man dem Schwingkreis allerdings im genau richtigen Moment immer wieder ein wenig Energie hinzu, kann man das ‚Hin- und Herschwingen' aufrechterhalten. Ähnlich wie bei einem schaukelnden Kind, welches immer wieder im richtigen Moment angestoßen wird.

Mit Schwingkreisen erzeugt man also elektromagnetische Felder. Sorgt man nun dafür, dass diese Felder abgestrahlt werden, so entstehen elektromagnetische Wellen.

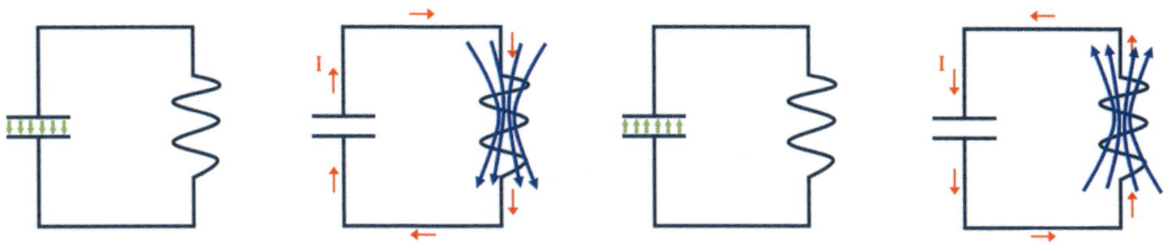

Abbildung 116: ***Wechselwirkung: Vorgänge im Parallelschwingkreis.***

Dafür werden zwei Dinge benötigt:

- Ein Schwingkreis
- Energie, zum Aufrechterhalten der Schwingungen

> Je höher die Frequenz im Schwingkreis, desto einfacher werden elektromagnetische Wellen abgestrahlt.

Hinter Schwingkreisen verbergen sich noch andere Phänomene, die den meisten aus der Akustik bekannt sein dürften. Schwingkreise können auch eine Resonanzfrequenz generieren. Beispiel: Stellt man zwei identische Stimmgabeln nebeneinander und stößt eine der beiden an, so erklingt ein Ton. Allerdings wird nicht nur die angestoßene Gabel zum Schwingen gebracht, sondern auch die gegenüber stehende. Man hört denselben Ton. Hält man nun die erste Gabel fest, so verstummt ihr Ton wieder, allerdings klingt die zweite Gabel weiter. Dieses Phänomen nennt man Resonanz.

Auch Schwingkreise haben eine Resonanzfrequenz. Die Höhe dieser Frequenz ist abhängig von den verbauten Bauteilen, also von der Spule und dem Kondensator. Die Resonanzfrequenz kann man ganz einfach ermitteln.

Resonanzfrequenz

$$f = \frac{1}{2 \cdot \pi \cdot \sqrt{L \cdot C}}$$

f => Resonanzfrequenz
L => Induktivität der Spule
C => Kapazität des Kondensators

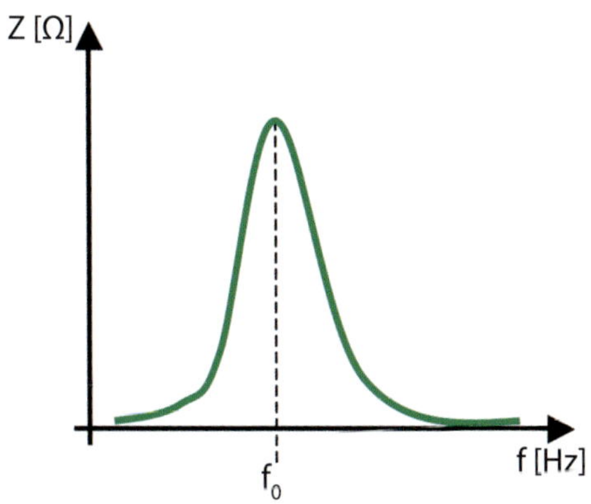

Abbildung 117: ***Resonanzfall 1: Widerstand des Parallelschwingkreises.***

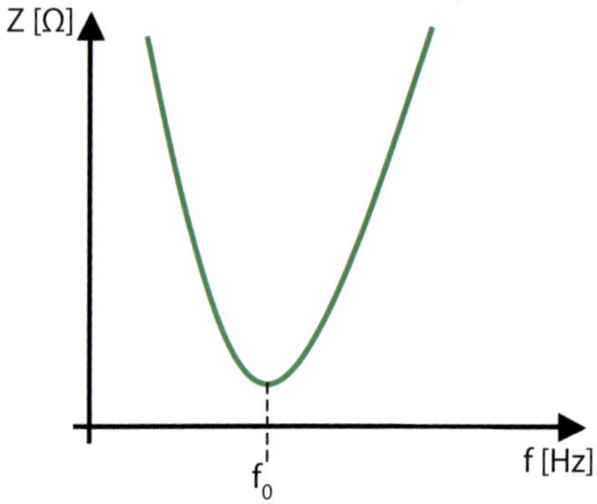

Abbildung 118: ***Resonanzfall 2: Widerstand des Reihenschwingkreises.***

Im Resonanzfall ändert sich der Widerstand des Schwingkreises. Somit können Schwingkreise für bestimmte Frequenzen ausgelegt werden.

Antennen

Betrachtet man den prinzipiellen Aufbau einer Funkstrecke zu Beginn dieses Kapitels, so fällt auf, dass dort augenscheinlich keine Schwingkreise verbaut wurden. Wodurch entsteht hier also die elektromagnetische Welle, die zur Übertragung zwingend benötigt wird? Die Antwort auf diese Frage liefert die Antenne. Eine Antenne ist nämlich eigentlich nichts anderes als ein Schwingkreis.

Betrachten wir den Parallelschwingkreis noch einmal: Eine Parallelschaltung aus einem einfachen Plattenkondensator und einer Kupferdrahtspule. Zwischen diesen beiden Bauteilen pendeln nun magnetische und elektrische Energie hin und her.

Nun zieht man gedanklich den Kondensator etwas auseinander (Abbildung 119). Es ist immer noch ein Schwingkreis und die Energie kann immer noch hin- und herpendeln. Man kann die Platten des Kondensators auch komplett auseinander ziehen. Zwischen ihnen besteht immer noch ein elektrisches Feld und die Energien pendeln weiter hin und her. Verkleinert man die Platten des Kondensators, so funktioniert er immer noch als Kondensator. Nur seine Kapazität verringert sich.

Auch die Spule kann man im Aufbau verändern. Bei weniger Windungen wird trotzdem ein Magnetfeld entstehen, selbst dann, wenn die Spule nur aus einem geraden Draht besteht. Auch wenn dies nun etwas abstrakt erscheint, so ist ein einfacher Draht immer noch ein Schwingkreis der elektromagnetische Felder erzeugen und abstrahlen kann. Eine einfache Antenne ist demnach nichts anderes als ein Schwingkreis, der beim Empfangen von Wellen seiner eigenen Resonanzfrequenz zum Schwingen anfängt, also aus den elektromagnetischen Wellen wieder elektrische Spannungen und Ströme erzeugen kann.

Die Länge einer Antenne

Diese Beschreibung zeigt ebenfalls, wie wichtig die Länge einer Antenne für den Empfang bestimmter Frequenzen ist. Schließlich soll sie durch die elektromagnetischen Wellen zum Schwingen gebracht

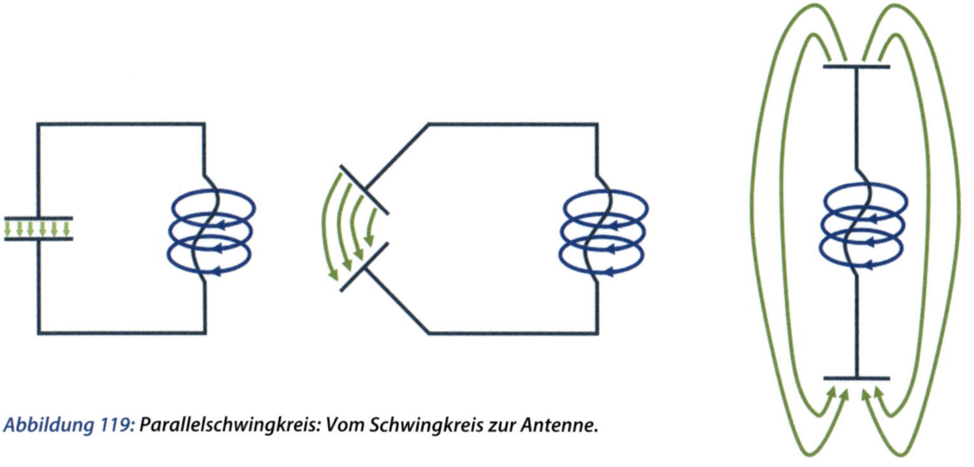

Abbildung 119: ***Parallelschwingkreis: Vom Schwingkreis zur Antenne.***

werden. Diese Wellen werden definiert durch ihre Wellenlänge. Unter Wellenlänge versteht man den Abstand zwischen zwei Wellenbergen. Den Zusammenhang zwischen der Resonanzfrequenz des Signals und der Wellenlänge stellt die Ausbreitungsgeschwindigkeit der Wellen her, also die Lichtgeschwindigkeit. Dabei gilt:

Wellenlänge und Resonanzfrequenz

$$\lambda = \frac{c}{f}$$

λ => Wellenlänge Lambda
c => Ausbreitungsgeschwindigkeit (300.000 km/s)
f => Resonanzfrequenz

Eine Antenne sollte idealerweise immer genau so lang sein, wie die Wellenlänge des zu sendenden beziehungsweise zu empfangenden Signals. Sendet ein Radiosender mit einer Frequenz von 92,3 MHz und man möchte ihn hören, so müsste die Radioantenne des Autos idealerweise 3,25 m lang sein:

$$\lambda = \frac{c}{f} = \frac{300.000.000\ \frac{m}{s}}{92.300.000\ Hz} = 3{,}25\ m$$

Es ist davon auszugehen, dass keine Radioantenne eines Pkw mit einer Länge von 3,25 m zu finden sein wird. Dies wäre allerdings auch lediglich die Ideallänge. In der Realität verwendet man natürlich kürzere Antennen. Dabei ist darauf zu achten, dass sich mit einem geraden Teiler der Wellenlänge immer noch gute Ergebnisse erzielen lassen. In der Realität werden demnach meistens $\lambda/4$-Antennen verwen-

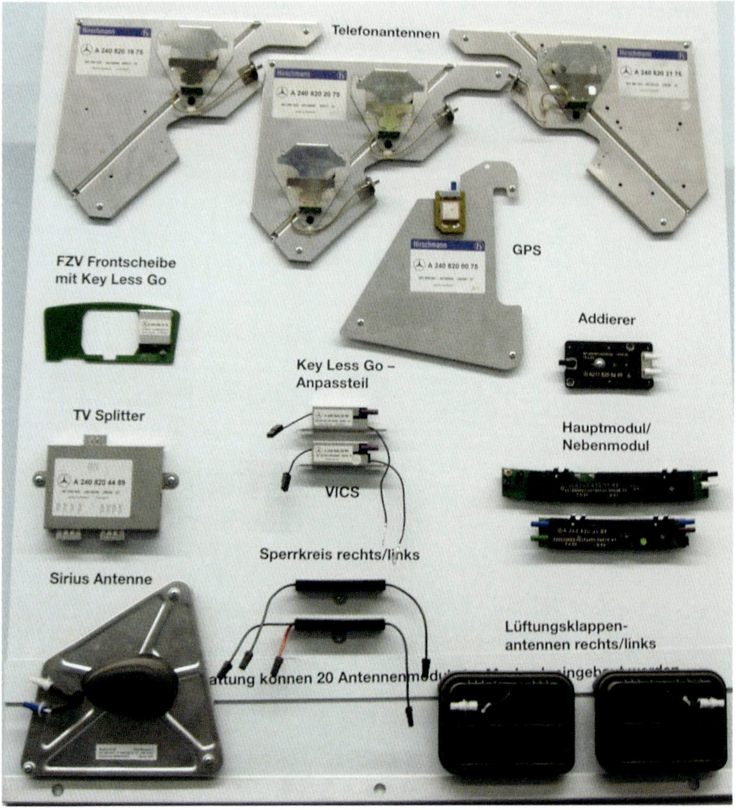

Abbildung 120: ***Empfänger/Sender: Antennen in und am Kraftfahrzeug.***

det, also Antennen, deren Länge einem Viertel der Wellenlänge entspricht.

Zudem beschert uns das Fahrzeug noch ein weiteres Phänomen. Setzt man eine Antenne zum Beispiel auf das Fahrzeugdach, so bildet dieses ein sogenanntes Gegengewicht. Die Antenne wirkt plötzlich so, als wäre sie doppelt so lang. Dies funktioniert bei allen elektrisch leitenden Oberflächen. Wird also eine Antenne auf das Dach, einen Kotflügel oder Kofferraumdeckel gesetzt, so können hier $\lambda/8$-Antennen verwendet werden, welche dieselbe Wirkung erzielen, wie $\lambda/4$-Antennen.

Prüfen einer Antennenanlage

Hat die Antenne eine falsche Länge, ist sie abgeknickt oder sind die Leitungen vom Sende-/Empfangsgerät beschädigt so kommt es zu Störungen beim Senden beziehungsweise beim Empfangen. Dies macht sich durch eine geringere Reichweite, Rauschen oder Totalausfall des Systems bemerkbar.

Um eine Antennenanlage zu überprüfen, kann man das sogenannte Stehwellenverhältnis bestimmen. Ein Messgerät misst die vom Sendeteil (zum Beispiel vom Funkgerät oder Handy) ausgehende und die von der fehlerhaften Stelle reflektierte Energie. Diese beiden Werte werden in ein Verhältnis gesetzt, welches Stehwellenverhältnis genannt wird. Dazu muss man wissen, dass hochfrequente Signale an offenen oder beschädigten Stellen reflektiert werden. Aus diesem Grund werden in schnellen Bussystemen Abschlusswiderstande verbaut.

Das Stehwellenverhältnis sollte immer zwischen 1 und 3 liegen. Ist es höher, so liegt ein Fehler in der Antennenanlage vor.

Zum Messen des Stehwellenverhältnisses wird das Messgerät in Reihe zwischen dem Sendeteil und der Antenne geschaltet. Zur Durchführung der Messung selbst drückt man nun auf Senden (beim Funkgerät) oder tätigt einen Handyanruf. Sobald der Sendevorgang beginnt, misst das Messgerät das Verhältnis und zeigt es an.

Störungen auf der Übertragungsstrecke

Wer kennt es nicht: Das Funkloch. Wir haben zwar das beste Handy, aber keinen Empfang. Dies liegt in der Regel weder am

Abbildung 121: ***Stehwellenmessung: Versuchsaufbau mit einem CB-Funkgerät und einer Antenne, dazwischen das eigentliche Messgerät.***

SWR-Messgerät für Funkanlagen

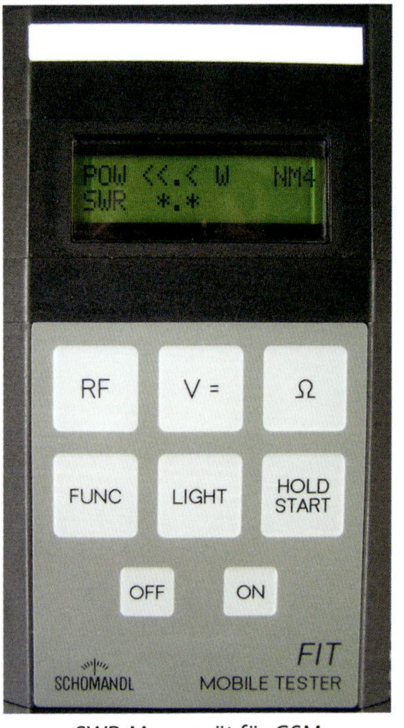

SWR-Messgerät für GSM

Abbildung 122: ***Stehwellenverhältnis: Das Messgerät wird zwischen Sendeteil und Antenne geschaltet.***

Gerät noch am Handymast. Vielmehr gibt es Probleme zwischen Verbindungsstelle, Sendemast und Empfangsteil, dem Handy. Diese Probleme können durch zwei Phänomene auftreten:

- Absorption der elektromagnetischen Wellen
- Reflexion der elektromagnetischen Wellen

Immer wenn elektromagnetische Wellen durch einen Körper (ein Haus, eine Wand, dichter Pflanzenbewuchs etc.) dringen, verlieren sie ein wenig Energie. Diese wird vom jeweiligen Objekt aufgenommen (absorbiert) und in Wärme umgewandelt. Stehen demnach mehrere Körper zwischen Sender und Empfänger, kann es vorkommen, dass die Energie nicht mehr ausreicht, um beim Empfänger die Antenne richtig zum Schwingen zu bringen. Es kommt zu Störungen oder Ausfällen.

Treffen elektromagnetische Wellen auf gerade oder schräge Flächen, so kann es passieren, dass ein Teil der Wellenenergie reflektiert wird und somit auch nur ein geschwächtes Signal den Empfänger erreicht. Auch in diesem Fall kommt es zu Störungen und Ausfällen.

Null Empfang

Ist überhaupt kein Empfang mehr möglich, spricht man von Abschattung. Beschwert sich ein Werkstattkunde darüber, dass er im Auto, trotz teurer Handyvorrichtung, öfter mal schlechten Empfang hat, so sollte neben einer Stehwellenmessung auch geklärt werden in welchen Ortschaften oder Gelände er sich meistens aufhält.

GSM

Eins der wichtigsten drahtlosen Systeme unserer Zeit ist das GSM-Netz. Ursprünglich stand GSM für Groupe-Spéciale-Mobile, dem Namen der Standardisierungsorganisation. Da GSM aber nicht nur in Europa, sondern auch weltweit erfolgreich wurde, steht die Abkürzung heute für Global-System for Mobile-Communication.

Weltweit werden überwiegend zwei GSM-Systeme verwendet, GSM 900 und GSM 1.800 – also mit Trägerfrequenzen von 900 MHz und 1.800 MHz. In den USA wird GSM 1.900 verwendet, welches dementsprechend mit 1.900 MHz arbeitet.

Netzaufbau

Das GSM-Netz ist ein terrestrisches System. Das bedeutet, es ist erdgebunden. Im Prinzip funktioniert das so: Je nach zu erwartenden Teilnehmern und externen Störfaktoren (Reflexion und Absorption) werden größere oder kleinere Zellen aufgebaut. In jeder Zelle befindet sich eine Sende-/Empfangsstation (BTS – Base-Transceiver-Station). Mehrere dieser Stationen und somit mehrere Zellen sind einer Basis-Station (BSC – Base-Station-Controller) zugeordnet. Die Basisstationen eines Gebietes wiederum sind mit einer Mobilfunkvermittlungsstelle (MSC – Mobile-Switching-Service-Center) verbunden. Den Bereich, den ein MSC abdeckt, nennt man Location Area (LA).

Die Vermittlungsstelle zwischen unterschiedlichen Netzanbietern beziehungs-

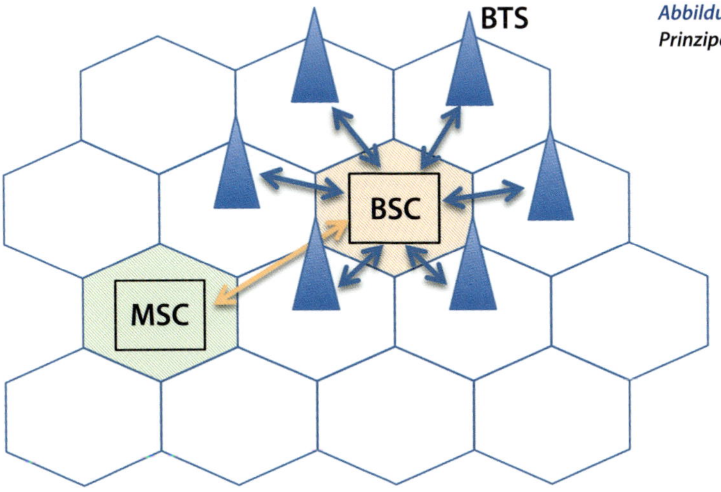

Abbildung 123: ***Prinzipdarstellung: GSM-Netz.***

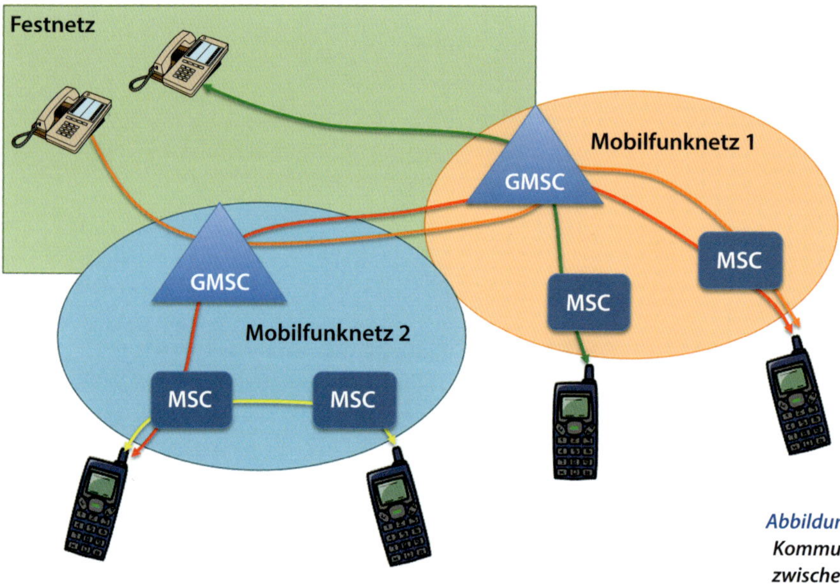

Abbildung 124: ***GMSC: Kommunikationsweg zwischen den Netzen.***

weise zwischen Netzanbieter und Festnetzanschluss ist die zentrale Schnittstelle für mobile Netze (GMSC – Gateway-Mobile-Switching-Center). Hierüber werden auch Verbindungen von oder ins Ausland hergestellt.

Auf freier Strecke hat ein GSM-Endgerät eine Reichweite von rund 35 km. Aufgrund von Absorptionen und Reflexionen nimmt diese Reichweite besonders in Städten drastisch ab, sodass hier oftmals nur einige 100 m zur nächsten Station überbrückt werden können.

Übertragungsfehler

Bewegt sich ein Mobilfunkgerät von einer Zelle in eine andere beziehungsweise von einer Local-Area in eine andere, so müssen die Verbindungsdaten an den nächsten BTS, BSC oder MSC übergeben werden. Dabei kann es vor allem dann zu Fehlern kommen, wenn der Übergang sehr schnell vollzogen wird. Reklamiert ein Kunde zum Beispiel häufige Verbindungsprobleme während der Fahrt, kann es unter Umständen auch daran liegen, dass sich das Fahrzeug zu schnell bewegt.

Die Kapazitäten einer Zelle sind darüber hinaus begrenzt. Befinden sich zu viele Teilnehmer innerhalb der Zelle, so kann diese, sofern das übertragungstechnisch möglich ist, durch die Nachbarzellen erweitert werden. Sind auch diese überlastet, kommt es zu einem Overflow. In diesem Fall treten Verbindungsprobleme oder Gesprächsabbrüche auf. Zum Zelloverflow kommt es immer dann, wenn zu viele Teilnehmer gleichzeitig in einer Zelle das Netz nutzen wollen. Bei größeren Veranstaltungen werden aus diesem Grund zusätzliche mobile Sende-/Empfangsstationen eingerichtet, um den erhöhten Bedarf abdecken zu können.

Antennen und Wellenlängen

In Deutschland arbeitet das D-Netz mit 900 MHz und das E-Netz mit 1.800 MHz. Somit ergeben sich Wellenlängen von 33,3 cm für das D-Netz und 16,7 cm für das E-Netz.

$$\lambda_{D\text{-}Netz} = \frac{c}{f} = \frac{300.000.000\,\frac{m}{s}}{900.000.000\ Hz} = 33{,}3\ cm$$

$$\lambda_{E\text{-}Netz} = \frac{c}{f} = \frac{300.000.000\,\frac{m}{s}}{1.800.000.000\ Hz} = 16{,}7\ cm$$

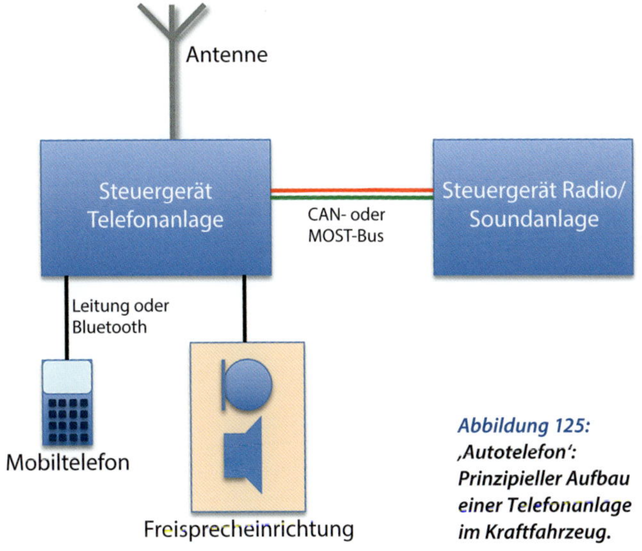

Abbildung 125: ‚Autotelefon': Prinzipieller Aufbau einer Telefonanlage im Kraftfahrzeug.

Da auch für Handyantennen maximal λ/4-Antennen und auf einer leitenden Fläche sogar λ/8-Antennen verwendet werden, ergeben sich für Mobilfunkantennen reale Längen zwischen 2,1 und 8,3 cm.

Überprüfung einer Telefonanlage

Prinzipiell ist eine Telefonanlage im Fahrzeug aufgebaut, wie ein Funksystem.

Neben einem Bedienteil, einer Handyladeeinrichtung und einer Freisprecheinrichtung, die meistens noch über dem CAN-Bus mit dem Radio gekoppelt ist, werden zusätzlich noch ein Steuergerät und eine Antenne benötigt. Moduliert beziehungsweise demoduliert wird je nach Anlage im Telefon oder im Steuergerät. Als Modulationsverfahren wird die sogenannte Frequenzumtastung verwendet. Soll die Anlage geprüft werden, so lässt sich das Steuergerät direkt auslesen. Die Antennenanlage kann mithilfe eines Stehwellenmessgeräts geprüft werden. Hierfür wird das Testgerät zwischen Steuergerät und Antenne geschaltet.

Zur Prüfung des Antennensystems ist es wichtig, dass das Handy mit einer SIM-Karte verwendet wird. Auch bei GSM-Systemen muss das Stehwellenverhältnis zwischen eins und drei liegen. Werte darüber deuten auf eine falsche oder defekte Antenne beziehungsweise auf beschädigte Leitungen oder Steckverbindungen hin.

Bluetooth

Eine einfache Möglichkeit, Daten drahtlos zu übertragen, bietet das Bluetooth-System. 1998 waren es letztendlich fünf Unternehmen (Ericson, Intel, IBM, Nokia und Toshiba), die die Bluetooth-Special-Interest-Group mit dem Ziel gründeten, ein kostengünstiges und stromsparendes Verfahren zu entwickeln, um Datenaustausch zwischen Mobiltelefonen und anderen Empfängern/Sendern im Nahbereich zu ermöglichen. Mittlerweile gehören dem Konsortium über 2.000 Firmen an – unter ihnen auch alle namhaften Automobilhersteller.

Verbindungsstruktur

Bluetooth-Geräte, die zueinander in Reichweite stehen, können selbstständig

Abbildung 126: Mercedes E-Klasse: Stehwellenmessung mithilfe eines entsprechenden Messgeräts.

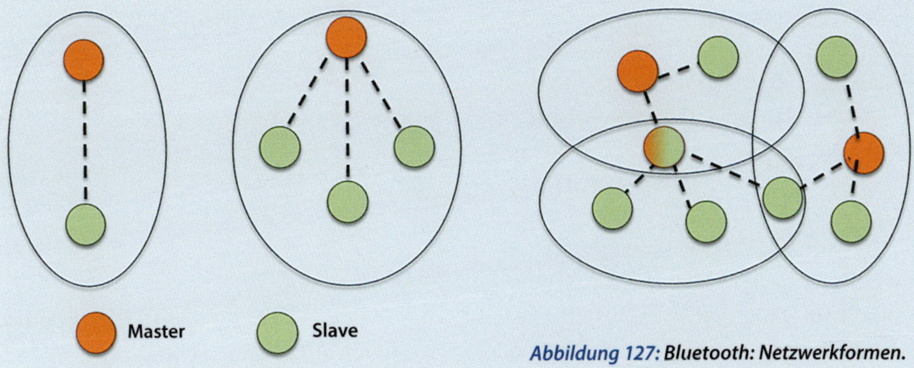

Abbildung 127: **Bluetooth: Netzwerkformen.**

eine Verbindung herstellen. Dabei sind Punkt-zu-Punkt- und Punkt-zu-Multipunkt-Verbindungen möglich.

Piconet

Im sogenannten Piconet findet ein Datenaustausch zwischen zwei oder mehreren Geräten statt. Ein Gerät, die Funktion eines Master-Steuergeräts (ähnlich wie beim LIN), wobei der Master hier nicht vorher bestimmt wird, sondern sich durch den Aufbau der Verbindung ergibt. Der Teilnehmer, der eine Verbindung aufbaut, ist der Master.

In einem Piconet können maximal sieben Slaves mit einem Master kommunizieren, wobei die Kommunikation zwischen zwei Slaves nicht direkt, sondern immer über den Master läuft.

Sofern sie sich in Reichweite befinden, können sich mehrere Piconets zu einem Scatternet zusammenschließen. Dabei kann der Master eines Piconets in einem anderen Netz als Slave teilnehmen, oder ein Slave steht in Verbindung zu zwei Piconets.

Übertragungsverfahren

Bluetooth arbeitet mit 2,4 GHz und wird in drei Sendeklassen unterteilt. Diese ergeben sich aus der Sendeleistung der Teilnehmer:

- Klasse 1 > 100 mW Sendeleistung, Reichweite bis 100 m
- Klasse 2 > 2,5 mW Sendeleistung, Reichweite bis 50 m
- Klasse 3 > 1 mW Sendeleistung, Reichweite bis 10 m

Mit der Klasse 3 lassen sich die höchsten Reichweiten erzielen, wobei hier natürlich auch am meisten Energie benötigt wird. Da Bluetooth vor allem im Nahbereich eingesetzt wird, arbeiten die Geräte meist in dieser Klasse. Die Datenübertragungsrate in einem Bluetooth-System beträgt maximal 1 Mbit/s.

Moduliert werden die Signale durch das Verfahren der Frequenzumtastung, wobei die Deviation, also die Abweichung von der Trägerfrequenz bei 230 kHz liegt. Die positive Deviation, also 115 kHz größer als die Trägerfrequenz, stellt eine logische Eins, die negative Deviation eine logische Null dar.

Datensicherheit

Prinzipiell sind drahtlose Systeme immer einfacher ‚abzuhören', als drahtgebundene. Die sicherste Methode, Bluetooth-Verbindungen zu schützen, besteht darin, die Sendeleistung zu verringern. Da Bluetooth-Verbindungen für den Nahbereich gedacht sind, ist der Radius für mögliche Eindringlinge deutlich begrenzter, als zum Beispiel im WLAN.

Trotzdem sind bei Bluetooth drei Sicherheitsmodi vorgesehen. Im Modus 1 unterliegen die Teilnehmer keiner Sicherheit, Daten müssen zum Austausch nicht verschlüsselt werden und es findet zur Kommunikation auch keine Authentifizierung statt. Im Modus 2 müssen sich die Teilnehmer anmelden und gegenseitig zustimmen. Es findet eine einfache Verschlüsselung statt. Am sichersten arbeiten die Geräte im Modus 3. Auch hier müssen sich die Teilnehmer anmelden. Die Anmeldeprozedur ist vergleichbar mit der bei einem WLAN-Netz. Der Master erstellt einen Netzwerkschlüssel, der den Teilnehmern bekannt sein muss. Zusätzlich findet eine Verschlüsselung der Daten statt.

Anwendungsbereiche

Bluetooth-Verbindungen finden sich auch in Kraftfahrzeugen immer häufiger. So gibt es heute kaum noch feste Handyvorrichtungen, bei denen ein bestimmtes Endgerät benötigt wird. Vielmehr sind die Telefonsteuergeräte in den Fahrzeugen mit Bluetooth ausgestattet, sodass auch unterschiedliche Handys benutzt werden können.

Auch bei der drahtlosen Übertragung von Fahrzeugdaten wird Bluetooth eingesetzt. Es kann der Reifendruck angezeigt oder zur Fahrwerkeinstellung weiterverwertet werden. Zudem ist es möglich sich den Reifendruck auch auf dem Handy anzeigen zu lassen (sofern dieses sich in Reichweite befindet).

Fazit

Bluetooth ist hervorragend geeignet, um Daten drahtlos zwischen Endgeräten zu übertragen. Die Sicherheit ist hier, wie in vielen anderen Systemen auch, abhängig vom Benutzer. Werden Bluetooth-Geräte im Modus 1 verwendet, öffnet man gegebenenfalls möglichen Angreifern Tür und

Abbildung 128: ***Gyro: Drehwinkelsensor.***

Tor. Der Sende- und Empfangsradius ist begrenzt, das sollte man bedenken. Sobald man im Modus 3 arbeitet, sind Bluetooth-Verbindungen ähnlich sicher, wie WLAN-Netze.

GPS

Mithilfe von GPS-Daten (GPS = Global-Positioning-System) ist es heutzutage möglich, mit Fahrzeugen auf unbekanntem Terrain zielsicher zu navigieren. Prinzipiell wird nur ein Empfangsgerät, elektronisches Kartenmaterial und das Signal von mindestens drei Satelliten benötigt. Soll auch die Höhe des Fahrzeuges bestimmt werden, müssen vier Satellitensignale empfangen werden. Der Nachteil dieser Zielführung besteht darin, dass im Falle einer Signalabschattung, zum Beispiel aufgrund eines Tunnels, eine Wegführung nicht mehr möglich ist. Dies gilt allerdings nur für einfache Navigationssysteme. Fest im Fahrzeug eingebaute und in das Fahrzeugsystem eingebundene Navigationsrechner greifen auch auf Sensoren im Fahrzeug zurück. Mithilfe von Wegstreckensensoren, Geschwindigkeitsgeber und Drehwinkelsensoren (Gyro) ist es möglich, die Navigation auch ohne GPS-Signal fortzuführen. Diese Art der Wegfindung wird Koppelortung genannt.

Koppelortung

Von Koppelortung wird gesprochen, wenn das Navigationssystem auch auf Daten der Fahrzeugsensorik zurückgreift. Für die Koppelortung werden benötigt:

- GPS-Signal (zur Initialisierung)
- Navigationsrechner
- Elektronisches Kartenmaterial
- Fahrzeugsensorik

GPS-Signale arbeiten mit einer Frequenz von 1,575 GHz. Somit ergeben sich im Fahrzeug Antennenlängen von:

$$\lambda = \frac{c}{f} = \frac{300.000.000\,\frac{m}{s}}{1.575.000.000\ Hz} = 19\ cm$$

$$l_{Antenne} = \frac{\lambda}{4} = \frac{19\ cm}{4} = 4{,}75\ cm$$

beziehungsweise

$$l_{Antenne} = \frac{\lambda}{8} = \frac{19\ cm}{8} = 2{,}4\ cm$$

Auch für GPS-Signale werden häufig λ/8-Antennen verwendet. λ/4-Antennen finden häufig als Scheibenantenne Verwendung. λ/8-Antennen wiederum müssen auf einer leitenden Fläche montiert werden. Müssen die Antennen auf einer Kunststofffläche funktionieren, wird eine dünne, leitende Folie unter die Antenne geklebt.

Das GPS-System arbeitet mit phasenmodulierten Signalen und einer Übertragungsrate von 50 Bit/s. Da nur wenige Informationen notwendig sind, um ein Fahrzeug zu navigieren, reicht diese Bitrate aus. Von den Satelliten werden der jeweilige Standort, eine Satellitenkennung sowie die Sendezeit ausgesendet. Aus diesen Informationen (von mindestens drei Satelliten) bestimmt der Navigationsrechner die Position des Fahrzeugs und errechnet die gewünschte Route.

Momentan ist eine Routenführung in einem abgeschatteten Gebiet nur mit fest eingebauten Navigationssystemen möglich. Diese Systeme können die Fahrzeugsensorik zu Hilfe nehmen. In Zukunft ist es aber durchaus denkbar, dass die benötigten Fahrzeugdaten auch einem mobilen Navigationssystem per Bluetooth übermittelt werden.

Fazit

Das Grundprinzip drahtloser Systeme ist immer dasselbe. Ein eher niederfrequentes Nutzsignal wird einem höher-frequenten Trägersignal auf-moduliert und als elektromagnetische Welle drahtlos übertragen. Entscheidend für die problemlose Kommunikation sind die Antennen. Hier liegen auch die wahrscheinlichsten Fehlerquellen. Defekte oder falsch abgestimmte Antennen, Antennenleitungen oder Steckverbindungen führen schnell zu einem Totalausfall des gesamten Systems.

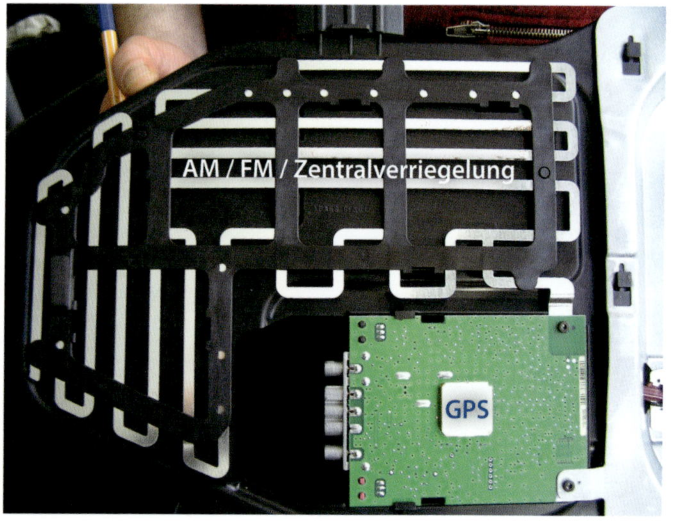

Abbildung 129: ***Satellitenempfang: GPS-Antenne.***

12. Car-to-X-Kommunikation

Konzept	Bedeutung
Car-to-Car	Kommunikation zwischen Fahrzeugen
Car-to-Enterprise	Kommunikation von Fahrzeugen und Unternehmen
Car-to-Infrastructure	Kommunikation von Fahrzeugen mit Infrastruktureinrichtungen (zum Beispiel Ampeln)
Car-to-Home	Kommunikation von Fahrzeugen mit dem Mobilfunknetz beziehungsweise mit Anwendungen zuhause.

Unter Car-to-X-Kommunikation versteht man den Austausch von Daten zwischen Fahrzeugen, beziehungsweise zwischen Fahrzeugen und stationären Einrichtungen. Die Übertragung erfolgt drahtlos. Im Wesentlichen unterscheidet man vier Anwendungen, von denen einige bereits in entsprechenden Fahrzeugen zum Einsatz kommen.

12.1 Car-to-Car

Bei der Car-to-Car-Kommunikation werden sicherheitsrelevante Daten wie Verkehrs- und Streckeninformationen zwischen Fahrzeugen ausgetauscht. Beispielsweise können vorausfahrende Fahrzeuge kritische Hindernisse, Stauenden hinter Kurven, oder Glatteispassagen melden. Die nachfolgenden Pkw-Lenker erhalten eine optische oder akustische Warnung und können so rechtzeitig reagieren. Denkbar sind auch entsprechende Systemeingriffe durch Bremsassistenten oder andere Fahrerassistenzsysteme. Voraussetzung bei der Car-to-X-Kommunikation ist die übergreifende Zusammenarbeit der Fahrzeughersteller, um einen gemeinsamen Kommunikationsstandard zu etablieren.

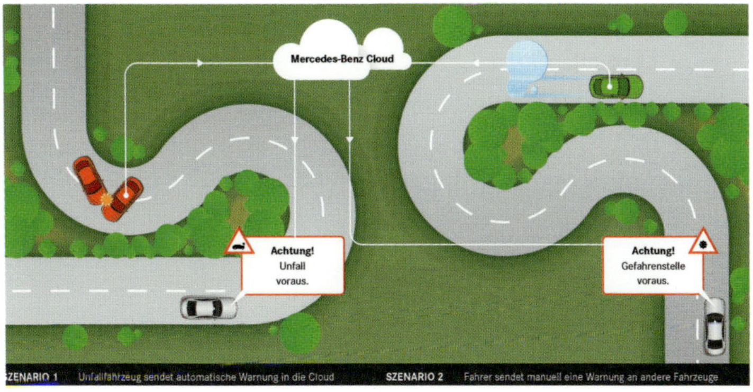

Abbildung 130:
Der ‚Blick um die Ecke' durch Car-to-Car-Kommunikation. Fahrzeuge tauschen wichtige Verkehrsinformationen automatisch oder manuell untereinander aus. Der nachfolgende Fahrzeuglenker kann so frühzeitig reagieren. Grafik: Daimler

12.2 Car-to-Enterprise

Eine Dichtung ist defekt, die Bremsbeläge müssen erneuert werden, der nächste Servicetermin steht an. Diese und weitere Informationen können im Rahmen der Car-to-Enterprise-Kommunikation an autorisierte Unternehmen weitergegeben werden. Sind Fahrzeuge beispielsweise mit dem Hersteller vernetzt, kann über die entsprechende Serviceorganisation bereits ein Werkstatttermin beim nächsten Kfz-Betrieb vorbereitet werden. Der Kunde muss zur Terminabsprache nicht in die Werkstatt kommen sondern wird informiert, sobald alle notwendigen Materialien und Teile vorhanden sind. Die Inspektion, ein Software-Update oder eine Reparatur können so effizient geplant werden.

Offene Fragen sind tatsächlich der Datenzugang sowie der Datenschutz. Wer darf auf die Fahrzeugdaten zugreifen? Wem gehören die Daten? Eine Lösung sind offene Plattformen, die auch einen Zugang für freie Werkstattbetriebe gewährleisten um den freien Wettbewerb zu ermöglichen. Der Fahrzeugbesitzer muss ferner genaue Kenntnis über die Verwendung seiner Fahrzeugdaten haben. Im Zweifel muss er einer Verbreitung und Weitergabe aktiv zustimmen.

12.3 Car-to-Infrastructure

Sind im Car-to-X-Netzwerk zusätzlich stationäre Infrastruktureinheiten wie Ampeln, Absperreinrichtungen an Baustellen oder Sicherheitsservices eingebun-

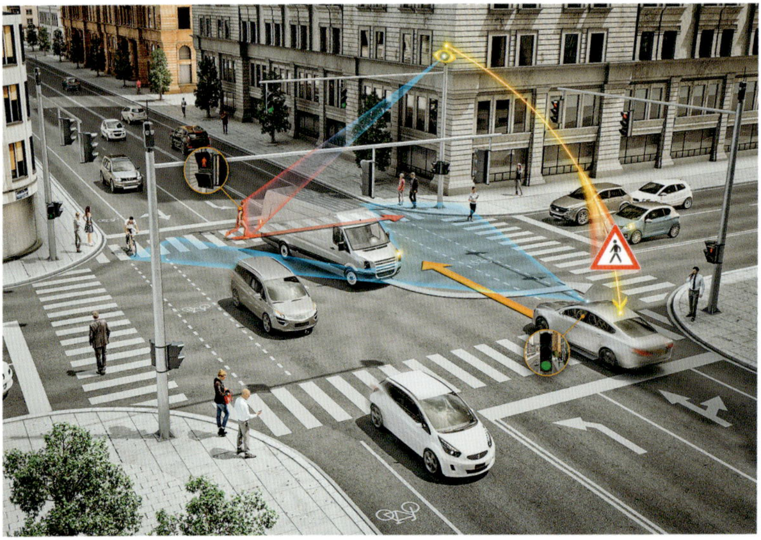

Abbildung 131: ***Fahrzeug-zu-X-Kommunikation und Sensortechnologien verwandeln gefährliche Kreuzungen in intelligente und deutlich sicherere Kreuzungen. Grafik: Continental***

eCall

Ein Car-to-Infrastructure-System, das bereits teilweise und bald flächendeckend zum Einsatz kommt, ist das automatische Notrufsystem eCall. Die entsprechenden Fahrzeuge sind mit einem GSM-Modul ausgestattet, welches im Falle eines Unfalls eine Meldung an eine Rettungsleitstelle absetzt. Die Leitstelle versucht daraufhin mit dem Fahrer des Fahrzeugs Kontakt aufzunehmen. Sollte dieses nicht möglich sein, so ist es aufgrund der mitgesendeten GPS-Daten möglich, direkt einen Rettungswagen zur Unfallstelle zu schicken. Das eCall-System ist seit dem 31.3.2018 in allen neuen, typgenehmigten Pkw sowie in leichten Nutzfahrzeugen (Klassen M1 und N1) Pflicht. Eine Unfallsituation erkennen beispielsweise Crash-Sensoren, die auch für das Auslösen der Airbags verantwortlich sind.

den, können Daten gesammelt, vor allem aber sicherheitsrelevante Hinweise an Fahrzeuge weitergeleitet werden. Fahrzeuglenker können so beispielsweise vor Rückstaus oder lauernden Hindernissen gewarnt werden. Durch zentrale Leitstellen ist es zudem möglich ganze Verkehrsströme zu steuern, bei Bedarf umzuleiten oder Fahrzeuglenker auf die Bildung einer Gasse für Rettungsfahrzeuge aufmerksam zu machen.

Car-to-Home

Die sogenannte Car-to-Home-Kommunikation ermöglicht den Datenaustausch mit Einrichtungen und Geräten im Wohnhaus. Der Fahrzeuglenker soll sich quasi im Fahrzeug wie zuhause fühlen und in der Lage sein, Anweisungen an vernetzte Geräte wie den Kühlschrank, die Beleuchtung oder die Jalousien auszuführen. Auch Autofunktionen sind möglich, wie das Aktivieren der Heizung, wenn sich das Fahrzeug bei einer definierten Temperaturschwelle dem Haus nähert.

Internet of Things

Das **Internet der Dinge (IoT)** bezeichnet Technologien, die es ermöglichen, physische und virtuelle Gegenstände miteinander zu vernetzen und kommunizieren zu lassen. Das Auto ist in Zukunft ein Teil davon.

Komfort- und Infotainment-Anwendungen

Ist ein Fahrzeug mit dem Internet verbunden, ergeben sich weitere Anwendungen. In Städten ließe sich ein Parkleitsystem realisieren, bei dem der Fahrer zu einem freien Parkplatz gelotst wird. Auch die Bezahlung erfolgt bargeldlos. Routing, Bezahlung oder Reservierungen sowie Streaming von Musik, Filmen und andere Infotainment-Anwendungen, erfolgen just in time und auf dem aktuellsten Datenstand. Das Fahrzeug wird zu einem zweiten ‚Wohnwimmer'.

12.4 Technische Umsetzung von Car-to-X

Grundsätzlich eignen sich verschiedene, drahtlose Übertragungssysteme, um eine Car-to-X-Kommunikationen zu realisieren. Für zeitkritische Anwendungen setzen Automobilhersteller auf eine spezielle WLAN-Variante. Der Standard **IEEE 802.11p** (pWLAN) wurde für Car-to-Car-Anwendungen entwickelt und ist eine schnellere Weiterentwicklung des normalen WLAN-Standards.

Die speziell für automobile Anforderungen entwickelte und abgesicherte Technologie, gewährleistet den Austausch von verkehrsrelevanten Informationen, Warnungen und Sensordaten, innerhalb weniger Millisekunden, mit dem direkten Umfeld. Der Erfassungsbereich des Fahrzeugs wird um mehrere hundert Meter erweitert und quasi der Blick um die Ecke ermöglicht. Die beteiligten Fahrzeuge bauen dabei ein temporäres Ad-hoc-Netzwerk auf. Volkswagen spricht beispielsweise von einer Reichweite bis 500 m. Somit bietet sich pWLAN hauptsächlich für den

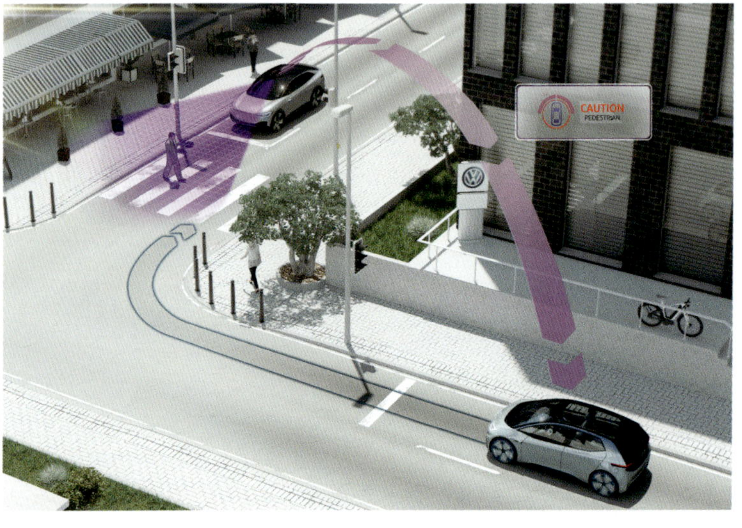

Abbildung 132: Erste Volkswagen-Modelle sollen ab 2019 mit pWLAN ausgerüstet werden. Grafik: Volkswagen

Austausch zwischen Fahrzeugen sowie zwischen Fahrzeugen und stationären Verkehrseinrichtungen an.

Mobilfunknetz

Seit der Einführung des Mobilfunkstandards 4G, bekannt auch unter dem Namen LTE, spielt die Mobilfunkvariante eine große Rolle bei Entwicklung von Car-to-X-Lösungen. Der Vorteil des Mobilfunknetzes ist, dass es flächendeckend verfügbar ist. Eine Einbindung weiterer Netze sowie eine Ausweitung über Landesgrenzen sind ebenfalls problemlos möglich. Die Übertragungsgeschwindigkeit ist (noch) niedriger, als beim WLAN-Standard. Allerdings arbeitet die Industrie an der Einführung des deutlich schnelleren 5G-Standards. Mobilfunknetze habe jedoch den Nachteil, dass es durch Reflexionen und Absorptionen zu Abschattungen kommen kann, da hier nicht der direkte Weg zum anderen Fahrzeug gewählt, sondern immer der Umweg über eine nahe Basisstation gewählt wird.

Kombination aus WLAN und 5G

In naher Zukunft werden die Hersteller sicherlich auf eine Kombination WLAN und 5G-Standards setzen. Einige Funktionen, wie zum Beispiel das eCall-System, benötigen zwingend die Anbindung an ein Handy-Netz. Soll im Nahbereich schnell und zuverlässig auf Gefahren hingewiesen werden, bietet sich wiederum das Ad-hoc-WLAN-Netz an.

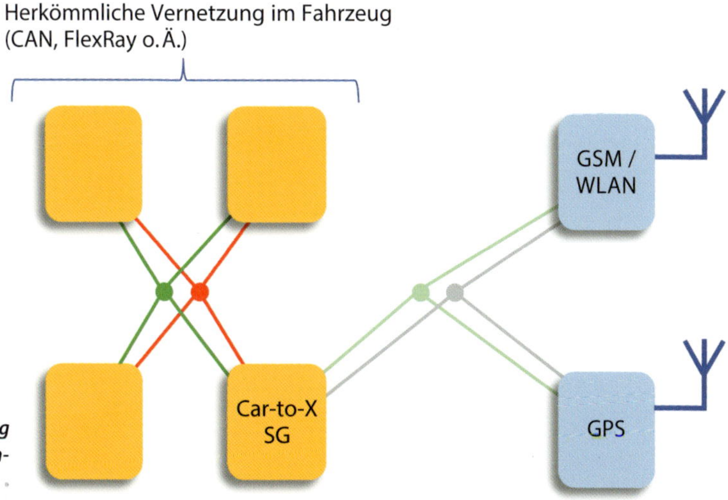

***Abbildung 133:* Fahrzeugvernetzung mit Car-to-X-Anwendung.**

Integration im Fahrzeug

In das bestehende Fahrzeugnetz muss ein entsprechendes Steuergerät integriert werden. Es steuert die neuen Funktionen und bindet die Informationen von außen in das Fahrzeugnetz ein. Dieses Steuergerät ist mit einem GSM-/WLAN-Modul gekoppelt. Bereits vorhandene GSM-Vorbereitungen, die im Infotainment-System verankert sind, können nicht verwendet werden. Für viele Funktionen wie dem eCall sind die GPS-Daten beziehungsweise der Standort des Fahrzeugs wichtig. Hier ist es denkbar, dass anstelle eines neuen Moduls auch die Daten aus dem bereits vorhandenen GSM-Modul mitverwendet werden.

Diagnose

Die Diagnose erfolgt wie gehabt weitestgehend über einen Fahrzeugsystemtester. An der Fehlersuche im vernetzten System ändert sich nichts. Sie kann menügeführt erledigt werden, wie in vorherigen Kapiteln beschrieben. Es existieren jedoch mit den zusätzlichen Antennen und ihren Anschlussleitungen sowie den Übertragungsmodulen weitere Fehlerquellen.

Datenschutz

Theoretisch behält der Fahrzeugbesitzer die Datenhoheit. Doch bereits seit Jahren lässt sich kaum noch nachvollziehen, welche Daten gesammelt und zu welchem Zweck sie von den Herstellern ausgewertet werden. Je mehr Car-to-X-Funktionen zum Einsatz kommen, desto mehr Daten werden ausgetauscht. Da der Datenaustausch drahtlos erfolgt, ist es bei der Übertragung äußerst wichtig, über ein sicheres Netzwerk zu verfügen. Die Manipulation von außen muss ausgeschlossen sein, sofern dies in Gänze möglich ist. Verantwortlich für die Sicherheit der Systeme und somit für die Einhaltung des Datenschutzes sind die Fahrzeughersteller.

Fazit

Über 90 Prozent alle Unfälle im Straßenverkehr lassen sich auf menschliches Fehlverhalten zurückführen. Car-to-X-Funktionen können helfen, diese Quote deutlich zu reduzieren. Experten gehen jedoch momentan davon aus, dass mindestens 10 Prozent der Fahrzeuge im Straßenverkehr mit einem Car-to-Car-System ausgestattet sein müssen, damit dieses System überhaupt Sinn macht.

Auch der Umweltgedanke kommt zum Tragen. Durch eine intelligente Streckenführung und vernetzte Verkehrsleitsysteme lassen sich Staus minimieren, Verkehrsflüsse optimieren. Der Schadstoffausstoß reduziert sich.

Abzuwarten bleibt, welche Systeme sich schlussendlich durchsetzen werden. Eine Kombination aus GSM-Netz und WLAN verspricht den größten Erfolg.

13. Berufsbild im Wandel

Mit Beginn des Ausbildungsjahrgangs 2003 wurde bundesweit die Berufsbezeichnung des Kraftfahrzeugmechanikers in die des Kraftfahrzeugmechatronikers umgewandelt. Nicht nur die Bezeichnung, vielmehr die Ausbildung selbst passte sich den Gegebenheiten und der Entwicklung in der Kfz-Technik an.

Rein mechanische Systeme werden in modernen Pkw schon lange nicht mehr verbaut. Überall erfassen Sensoren Umgebungs- und Systemdaten. Diese Daten werden von Steuergeräten ausgewertet, die ihre Signale wiederum an entsprechende Aktoren senden. Neue Datenübertragungsverfahren – wie beispielsweise die Übertragung via WLAN – halten zusätzlich im Kraftfahrzeug Einzug.

Ein Geselle muss neben einem ‚mechanischen' Verständnis auch ein ‚elektronisches' mitbringen. Und zwar nicht nur bei der Fehlersuche, sondern vor allem auch um die komplexen Systeme im Fahrzeug zu verstehen und sie warten zu können. Damit sich vor allem auch Betreiber von freien Werkstätten in Zukunft auf dem Markt behaupten können, ist es zwingend notwendig, dass die Mitarbeiter dahingehend entsprechend aus- und weitergebildet werden.

Zukunftsmusik

Beispielsweise wird das Automobil der Zukunft ohne mechanische Lenkung auskommen. Es ist komplett vernetzt und über WLAN, das Mobilfunknetz oder einer Satellitenverbindung in Kontakt mit der jeweiligen Kfz-Werkstatt. Im Display erscheint der nächste Servicetermin, der Kfz-Profi in der Werkstatt kann die bereits vorab vorliegenden Daten des Fahrzeugs analysieren, ohne dass es sich auf dem Hof befindet. Kommt der Kunde zum Service, liegen bereits alle nötigen Teile bereit. Dieses Szenario beschreibt einen Teil des zukünftigen Tagesgeschäfts des Kraftfahrzeugmechatronikers.

Erneute Anpassung

Die Ausbildung zum Kfz-Mechatroniker wurde ab dem Jahr 2003 auf der Basis von vier Schwerpunkten angepasst: Personenkraftwagentechnik, Nutzfahrzeugtechnik, Fahrzeugkommunikations-Technik und Motorradtechnik. Obwohl die Ausbildungsschwerpunkte teilweise schon die Realität abbilden, werden in den Kfz-Betrieben immer noch hauptsächlich Mechatroniker in den Bereichen ‚Personenwagen-, Nutzfahrzeug- und Motorradtechnik' geschult. Gerade im Pkw-Bereich spiegelt dies nicht die wirklichen Anforderungen wider. Bereits jetzt sind die meisten Fehler in der Elektrik, der Elektronik beziehungsweise in der Netzwerkstruktur des Fahrzeugs zu finden. Aus diesem Grund wurde bei der erneuten Neuordnung der Ausbildungsrichtlinien zum Kfz-Mechatroniker ab August 2013 der Bereich ‚drahtlose Übertragungssysteme' verbindlich. Die ‚Fahrzeugkommunikations-Technik' ist durch die ‚System- und Hochvolttechnik' abgelöst worden. Die Inhalte, die vorher den Fahrzeugkommunikations-Technikern vorbehalten waren, sind nun Gegenstand aller Auszubildenden. Der Schwerpunkt ‚System- und Hochvolttechnik' setzt noch weitere Akzente in Hinblick auf elektrisch angetriebene Fahrzeuge.

Anhang

Bedienung eines Oszilloskops

Die Bedienung eines Oszilloskops ist vom Prinzip her immer gleich, egal ob es sich um ein älteres analoges oder um ein digitales System wie die Messtechnik von Bosch, Gutmann oder Hermann handelt. Für die Aufnahme der Signalbilder wurde hier eine Softwarelösung mit Digitalscope verwendet.

Vor jeder Messung sollte das Oszilloskop erst einmal in die Grundeinstellung

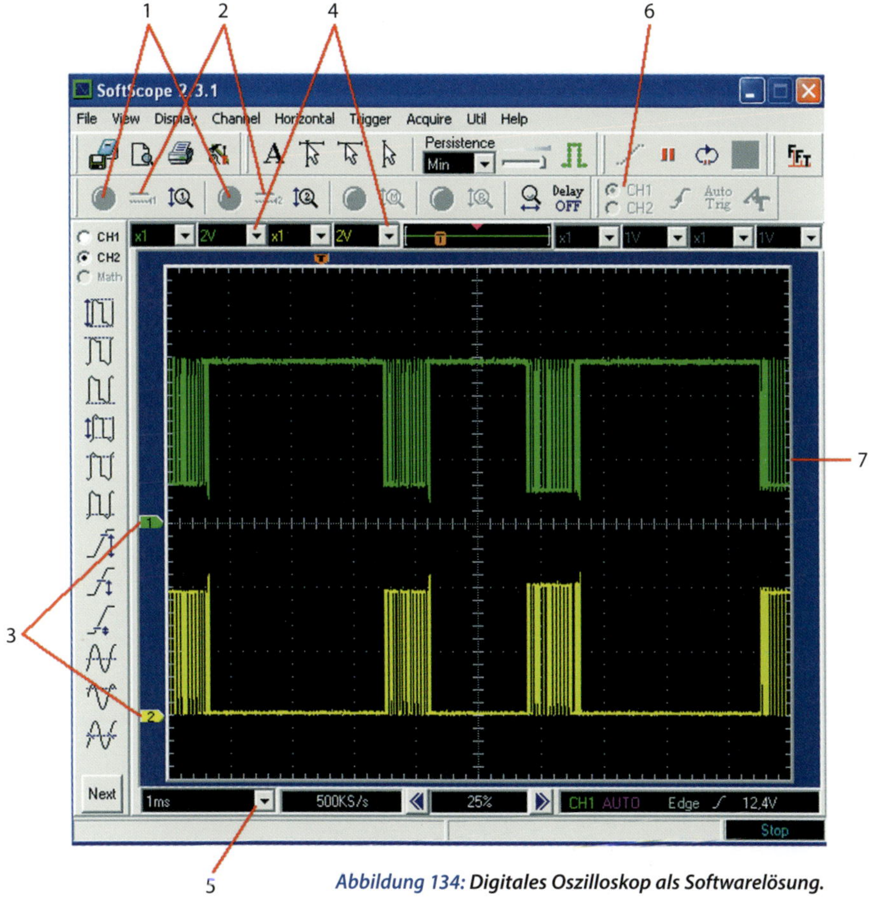

Abbildung 134: Digitales Oszilloskop als Softwarelösung.

gebracht werden. Bei älteren analogen Geräten müssen hierfür alle Drehschalter in eine Raststellung gebracht werden. Beim digitalen Oszilloskop gibt es häufig die Möglichkeit, die Grundeinstellung automatisch herzustellen. Nun muss die Entscheidung getroffen werden, ob ein Signal oder zeitgleich noch ein zweites Signal dargestellt werden soll. Dies geschieht hier durch Ein- beziehungsweise Ausschalten des Kanals [1]. Entscheidend für eine optimale Darstellung der Signale ist die Festlegung der Nulllinien. Jeder Kanal hat eine eigene Nulllinie, das auf dem Oszilloskopbild dargestellte Koordinatensystem dient immer nur als Hilfslinie. Sollen über zwei Kanäle zwei unterschiedliche Signale gemessen werden, müssen die beiden Nulllinien so platziert werden, dass die Signale optimal dargestellt werden können. In diesem Fall legt der Kfz-Profi die Eingänge zuerst einmal intern auf ‚Masse' indem man den entsprechenden Schalter [2] auf ‚Gnd' setzt. Nun platziert man die Nulllinien für jeden einzelnen Kanal [3]. Anschließend sollte zur Messung von digitalen Spannungen der Auswahlschalter [2] auf ‚DC' gestellt werden. Je nachdem, welche Spannungshöhe gemessen werden soll, kann man diese voreinstellen [4].

Mit einem Oszilloskop wird immer der zeitliche Verlauf eines Signals gemessen. Dafür muss auch die Zeitablenkung, also die Zeitspanne in der das Signal aufgenommen werden soll, berücksichtigt werden [5]. In Abbildung 130 wurde die Zeit auf 1 ms eingestellt. Sowohl die Einstellung der Zeit als auch die Einstellung der Spannungshöhe beziehen sich immer auf eine Einheit der Hilfslinien. In der Abbildung wurde also mit der Einstellung 2 V pro Einheit und 1 ms pro Einheit gemessen. In den meisten Geräten wird dies in Englisch angegeben, als Division. Die Einstellungen dieses Oszilloskops würden dann mit 2 V/Div und 1 ms/Div angegeben. Der sogenannte Triggerlevel kann in den meisten Oszilloskopen auf automatisch eingestellt werden. Dies dient dazu, dem Gerät mitzuteilen, ab welchem Spannungspegel das Bild gezeichnet werden soll [7]. Der Triggerlevel muss immer innerhalb des Signals liegen, da sonst kein stehendes Bild angezeigt werden kann. Mit den Auswahlschaltern [6] stellt man den Kanal ein, auf welchem getriggert werden soll.

Umrechnung von Dezimal-, Dual- und Hexadezimalzahlen

Daten werden als Dualzahlen übertragen und von den Controllern in den Steuergeräten als solche verarbeitet. In Diagnosetools oder Herstellerunterlagen werden Identifier in Hexadezimalzahlen angegeben. Die Umrechnung von einem Zahlensystem in ein anderes wird nachfolgend kurz erläutert.

Soll eine Dezimalzahl in eine Hexadezimalzahl umgewandelt werden, so ist es am einfachsten, zuerst die Dualzahl zu bestimmen. Dies erfolgt mit der Restmethode. Bei dieser Vorgehensweise wird die Dezimalzahl immer durch zwei geteilt,

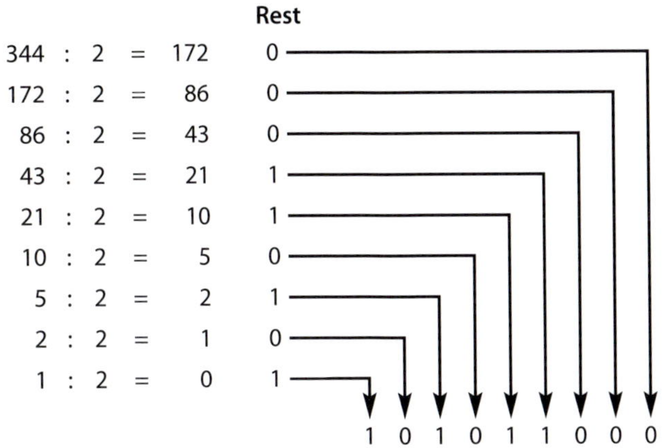

Abbildung 135: Umwandlung einer Dezimalzahl in eine Dualzahl mithilfe der Restmethode.

wobei immer nur eine ganze Zahl als Ergebnis herauskommen darf. Soll eine ungerade Zahl durch zwei geteilt werden, zum Beispiel 101, so ergäbe die Teilung 50,5. Da als Ergebnis nur ganze Zahlen möglich sind, ergibt sich aus dieser Teilung als Ergebnis 50 mit Rest 1. Wird eine gerade Zahl durch zwei geteilt, ist der Rest Null. Im aufgeführten Beispiel wird die Dezimalzahl 344 in eine Dualzahl umgewandelt. Bei dieser Methode ist es wichtig, darauf zu achten, dass der unterste Rest die erste Dualziffer von links darstellt.

Soll diese Dualzahl 101011000 nun in eine Hexadezimalzahl umgewandelt werden, muss sie von rechts beginnend in Viererblöcke aufgeteilt werden. Die Hexadezimalziffer jedes Viererblocks lässt sich nun direkt aus der Tabelle entnehmen.

Die Dezimalzahl 344 ergibt umgerechnet eine Hexadezimalzahl von 158. Wichtig hierbei ist, dass die einzelnen Ziffern nicht noch zusammengerechnet werden. Um eine Zahl eindeutig einem Zahlensystem zuzuordnen, bekommt diese einen Index: ‚dez' für eine Dezimalzahl, ‚bin' oder ‚dual' für eine Dualzahl und ‚hex' für eine Hexadezimalzahl. 344dez ergibt demnach 101011000bin oder 158hex.

Wird eine Hexadezimalzahl in eine Dezimalzahl umgewandelt, erfolgt auch

Dezimal	Dual	Hexadezimal
0	0000	0
1	0001	1
2	0010	2
3	0011	3
4	0100	4
5	0101	5
6	0110	6
7	0111	7
8	1000	8
9	1001	9
10	1010	A
11	1011	B
12	1100	C
13	1101	D
14	1110	E
15	1111	F

Abbildung 136: Umrechnungstabelle.

hier zur Vereinfachung der Zwischenschritt über die Bestimmung der Dualzahl. Von der Zahl 7AF wird jede einzelne Ziffer mithilfe der Umrechnungstabelle in drei Viererblöcke aus Dualzahlen umgewandelt.

Anschließend wird die Dualzahl in eine Dezimalzahl umgewandelt. Hierfür ist zu beachten, dass die erste Ziffer von rechts beginnend für eine 1 steht. Daran anschließend steht jede Ziffer für den doppelten Wert.

Abbildung 137: Umwandlung in eine Hexadezimalzahl.

Abbildung 138: Umwandlung der Hexadezimalziffern in Viererblöcke aus Dualzahlen.

$$\frac{0}{2048}\quad\frac{1}{1024}\quad\frac{1}{512}\quad\frac{1}{256}\quad\frac{1}{128}\quad\frac{0}{64}\quad\frac{1}{32}\quad\frac{0}{16}\quad\frac{1}{8}\quad\frac{1}{4}\quad\frac{1}{2}\quad\frac{1}{1}$$

$$0\times 2048 + 1\times 1024 + 1\times 512 + 1\times 256 + 1\times 128 + 0\times 64 + 1\times 32 + 0\times 16 + 1\times 8 + 1\times 4 + 1\times 2 + 1\times 1$$

$$= 1967_{dez}$$

Abbildung 139: Umwandlung der Dualzahl in eine Dezimalzahl.

Über den Autor

Abbildung 140: ***Krafthand-Dekra-Profischulung: Martin Frei während einer Veranstaltung.***

Martin Frei wurde 1969 in Nordfriesland, Schleswig-Holstein, geboren. Nach dem Abitur sowie einer Ausbildung zum Kommunikationselektroniker studierte er in München Berufschullehramt mit den Fächern Elektrotechnik und Deutsch.

Anschließend arbeitete Frei als Entwickler auf unterschiedlichen Plattformen, ehe er 2003 an die Gewerbeschule für Kraftfahrzeugtechnik in Hamburg kam und dort im Referendariat das zweite Staatsexamen abschloss.

Seit Februar 2005 arbeitet Herr Frei als Oberstudienrat an dieser Schule und ist dort insbesondere für die Ausbildung der Fahrzeug-Kommunikationstechniker und seit der letzten Neuordnung der Kfz-Berufe, für den Ausbildungsschwerpunkt ‚System- und Hochvolttechnik' zuständig. Durch zahlreiche Aus- und Weiterbildungen in der Automobilindustrie erlangte er ein umfassendes Wissen gerade in dem Bereich der Kommunikationstechnik in Kraftfahrzeugen. Dieses Wissen gibt Frei regelmäßig auf auch im Rahmen von Krafthand-Profischulungen weiter. Herr Frei ist verheiratet und hat zwei Kinder.

Die Erstausgabe des Fachbuches ‚Fehlersuche an vernetzten Systemen' ist im Juli 2009 erschienen und geht nun in die vierte Auflage. Bei der Krafthand Medien GmbH sind mit ‚Grundlagen der Fahrzeugelektrik' und ‚Grundlagen der Kfz-Hochvolttechnik' noch zwei weitere Fachbücher von Martin Frei erschienen.

Erfahren Sie mehr über den Autor unter www.martinfrei.de.

Literaturhinweise

- Zimmermann, W./Schmidgall, R.: Bussysteme in der Fahrzeugtechnik, Vieweg+Teubner, 3. Auflage, September 2008

- Borgeest, K.: Elektronik in der Fahrzeugtechnik, Vieweg+Teubner, 1. Auflage, 2008

- Grzemba, A.: von der Wense, H.C.: LIN-Bus, Franzis, 1. Auflage, 2005

- Selbststudienprogramm 238, Datenaustausch auf dem CAN-Bus I, Volkswagen AG, 2001

- Selbststudienprogramm 269, Datenaustausch auf dem CAN-Datenbus II, Volkswagen AG, 2003

- Selbststudienprogramm 286, Neue Datenbussysteme – LIN, MOST, Bluetooth, AUDI AG, 2002

- Robert Bosch GmbH, Autoelektrik/Autoelektronik, Vieweg+Teubner, 5. Auflage, 2007

- Robert Bosch GmbH, Sicherheits- und Komfortsysteme, Vieweg+Teubner, 3. Auflage, 2004

- Rausch, M.: FlexRay, Grundlagen, Funktionsweise, Anwendung, Hanser, 1. Auflage, 2007

- Unterrichtsausarbeitungen der staatlichen Gewerbeschule Kraftfahrzeugtechnik Hamburg, 2008

weitere Quellen:

- Zöbel, Prof. Dr., Universität Koblenz-Landau, Seminar Mobile Systeme, Koblenz, 20.01.2005

- Randt, M.: Bussysteme im Automobil, ECT 2002

- ME-Meßsysteme GmbH, Grundlagen zum CAN-Bus

- Veit, K.: FlexRay V1.0, FH-Schweinfurt, 2007

- www.elektroniknet.de

- www.elektrobit.ch

- www.bmw.com

Stichwortverzeichnis

C

H

I

K

L